高等职业教育计算机教育新形态系列教材

虚拟化技术
项目实战

牟志华　安传锋 ◎ 主　编
丁　亮　尤凤英　李卫平 ◎ 副主编

中国铁道出版社有限公司
CHINA RAILWAY PUBLISHING HOUSE CO., LTD.

内容简介

本书共分为5个单元，10个项目，具体内容包括虚拟化技术基础认知、VMware vSphere 服务器虚拟化、KVM 虚拟化技术应用、开源云平台 OpenStack 部署、桌面虚拟化技术应用等。

本书以高等职业教育的实际应用需求为依据，以培养和提高职业院校计算机类专业学生的专业能力为目的，突出针对性和实用性。项目任务演示均在物理环境中实现，采用的软件均为较新版本，避免了知识的滞后性。本书全部采用开源软件或者试用期软件产品，并参考了相关产品的官方手册，建议从官方渠道获得书中讲解的各类软件与资料。

本书适合作为高职高专计算机网络技术、云计算技术应用、工业互联网技术等专业的教材，也可以作为其他相关专业的参考用书。

图书在版编目（CIP）数据

虚拟化技术项目实战 / 牟志华，安传锋主编. —北京：中国铁道出版社有限公司，2023.3
高等职业教育计算机教育新形态系列教材
ISBN 978-7-113-29841-8

Ⅰ.①虚… Ⅱ.①牟… ②安… Ⅲ.①虚拟处理机－高等职业教育－教材 Ⅳ.① TP338

中国版本图书馆 CIP 数据核字（2022）第 215068 号

书　　名：虚拟化技术项目实战
作　　者：牟志华　安传锋

策　　划：祁　云　　　　　　　　　编辑部电话：（010）63549501
责任编辑：祁　云　王占清
封面设计：刘　颖
责任校对：苗　丹
责任印制：樊启鹏

出版发行：中国铁道出版社有限公司（100054，北京市西城区右安门西街8号）
网　　址：http://www.tdpress.com/51eds/
印　　刷：河北京平诚乾印刷有限公司
版　　次：2023年3月第1版　2023年3月第1次印刷
开　　本：850 mm×1 168 mm　1/16　印张：16.5　字数：402千
书　　号：ISBN 978-7-113-29841-8
定　　价：49.00元

版权所有　侵权必究

凡购买铁道版图书，如有印制质量问题，请与本社教材图书营销部联系调换。电话：（010）63550836
打击盗版举报电话：（010）63549461

高等职业教育计算机教育新形态系列教材
编审委员会

主　　任：石　冰

副 主 任：迟会礼　　高寿柏　　刘光泉　　徐洪祥　　刘德强
　　　　　　 王作鹏　　秦绪好

委　　员：（按姓氏笔画为序排列）

　　　　　　 马立新　　王　军　　王　研　　王学周　　王德才
　　　　　　 毛书朋　　冯治广　　宁玉富　　曲文尧　　朱旭刚
　　　　　　 任文娟　　任清华　　刘　学　　刘文娟　　刘洪海
　　　　　　 衣文娟　　闫丽君　　祁　云　　许文宪　　孙玉林
　　　　　　 牟志华　　李　莉　　李正吉　　杨　忠　　连志强
　　　　　　 肖　磊　　张　伟　　张　震　　张文硕　　张传勇
　　　　　　 张亦辉　　张宗国　　张宗宝　　张春霞　　陈　静
　　　　　　 邵明东　　邵淑华　　武洪萍　　尚玉新　　国海涛
　　　　　　 岳宗辉　　周　峰　　周卫东　　郑付联　　房　华
　　　　　　 孟英杰　　赵儒林　　郝　强　　徐　建　　徐希炜
　　　　　　 常中华　　崔玉礼　　梁胶东　　董善志　　程兴琦

秘 书 长：杨东晓

序

党的二十大报告指出"深化教育领域综合改革,加强教材建设和管理"。以党的二十大精神为引领,在职业教育适应新技术和产业变革需要的大背景下,坚持科技、行业进步和产业转型发展为驱动,创新教材呈现方式和话语体系,推进教材建设创新发展,努力加快建设中国特色高水平教材,形成引领示范效应。教材由中国铁道出版社有限公司与山东计算机学会职业教育发展专业委员会共同策划组织并最终命名为"高等职业教育计算机教育新形态系列教材"。教材在编写思路上进行了充分的调研和精心的设计,主要体现在以下五个方面。

一、坚持正确的政治方向和价值导向。系列教材本着弘扬劳动光荣、技能宝贵、创造伟大的时代风尚,旨在培养学生精益求精的大国工匠精神,激发学生科技报国的家国情怀和使命担当。

二、遵循职业教育教学规律和人才成长规律。符合学生认知特点,体现先进职业教育理念,教材以真实生产项目、典型工作任务等为载体,体现产业发展的新技术、新工艺、新规范、新标准,反映人才培养模式改革方向,将知识、能力和正确价值观的培养有机结合,适应专业建设、课程建设、教学模式与方法改革创新等方面的需要,满足项目学习、案例学习、模块化学习等不同学习方式要求,有效地激发学生学习兴趣和创新潜能。

三、科学合理编排教材内容。教材内容设计逻辑严谨、梯度明晰,文字表述规范、准确流畅,图文并茂、生动活泼、形式新颖;名称、术语、图表规范,编校、设计、印制质量等符合国家有关技术质量标准和规范。

四、集成创新数字化教学资源。教材具有配套建设的数字化资源，包括教学课件、教学案例、教学视频、动画以及试题库等，部分教材具有相应的课程教学平台和教学软件，有助于学生充分利用现代教育技术手段，提高课程学习效果。将教材建设与课程建设结合起来，努力实现集成创新，深入推进教与学的互动，有利于教师根据教学反馈及时更新与优化教学策略，有效提升课堂的活跃互动程度，真正做到因材施教，做到方便教学、便于推广，为推动和提高专业教学水平提供高水平的服务。

五、构建专家编审组织及产教融合编写团队。本系列教材由全国知名专业领域专家、教科研专家、职业院校的专家及行业企业的专家组成编审委员会，他们具有较高政策理论水平，在相关学术领域、教材或教学方面取得有影响的研究成果，熟悉相关行业发展前沿知识与技术，有丰富的教材编写经验，由他们负责对系列教材进行审稿、审核把关，以确保每种教材的质量。每种教材尽可能科教协同、校企协同、校际协同开展教材编写，并且大部分教材都是具有高级职称的专业带头人或资深专家领衔编写，全面提升教材建设的科学化水平，打造一批满足专业建设要求、支撑人才成长需要、经得起历史和实践检验的精品教材。

本系列教材内容前瞻、特色明显、资源丰富，是值得关注的一套好教材。希望本系列教材能实现促进人才培养质量提升的要求和愿望，为高等职业教育的高质量发展起到推动作用。

2023年1月

前言

云计算技术是引领未来信息产业创新的关键战略性技术和手段，正在以惊人的速度发展。虚拟化技术是云计算技术的核心技术之一。本书在介绍了当前主流的各类虚拟化技术基础上，重点讲解了商业项目VMware vSphere和开源项目KVM部署，简要介绍了OpenStack云计算管理平台和基于服务器虚拟化的桌面虚拟化技术。每项虚拟化技术都设计了实训项目，以便读者能更好地理解和掌握。

本书中的项目任务演示均在物理环境中实现，由于在虚拟环境中搭建，与实际环境差别较大，真实环境下，更突出实操效果。在内容编排上，设计了虚拟化技术基础认知、VMware vSphere服务器虚拟化、KVM虚拟化技术应用、开源云平台OpenStack部署、桌面虚拟化技术应用等5个单元，选取当今应用最广泛的vSphere技术和开源且最具前景的KVM服务器虚拟化技术作为讲解重点，个别技术点适当扩展，尽量避免教材"面宽内容浅"。另外，本书采用的软件均为较新版本，避免了知识的滞后性。本书全部采用开源软件或者试用期软件产品，并参考了相关产品的官方手册，建议从官方渠道获得书中讲解的各类软件与资料。

本书注重理论与实践相互交织、前后内容的连贯。教学内容模块化，以项目为载体，以任务为驱动，读者在完成项目任务的同时也学习了相关理论知识，巩固和提升了实践技能。

本书由日照职业技术学院牟志华、北京华晟经世信息技术股份有限公司安传锋任主编，北京华晟经世信息技术股份有限公司丁亮、济南职业学院尤凤英、北京东方国信科技股份有限公司李卫平任副主编，日照职业学院司青燕参加编写。其中，牟志华编写了单元一和单元五中的项目二，安传锋编写了单元二、单元三中的项目二，丁亮编写了单元四中的项目一，尤凤英编写了单元三中的项目一，司青燕编写了单元四中的项目二，李卫平编写了单元五中的项目一。配套的PPT、视频等资源由安传锋负责编写整理。全书由牟志华、安传锋统稿并定稿。

在本书的编写过程中，得到了北京华晟经世信息技术股份有限公司、北京东方国信科技股份有限公司及济南职业学院等单位同仁的大力支持，同行专家及相关行业人士也提出了很多宝贵意见，在此一并表示感谢！

由于编者水平有限，加之时间仓促，书中疏漏与不妥之处在所难免，欢迎广大读者批评指正。

编　者

2022年11月

目 录

单元一 虚拟化技术基础认知 ……………………………………………… 1
项目一 认识虚拟化 …………………………………………………………… 1
  任务 1 初识虚拟化 ……………………………………………………… 1
  任务 2 虚拟化的分类 …………………………………………………… 3
  任务 3 主流虚拟化架构认知 …………………………………………… 7
项目二 云计算与虚拟化 ……………………………………………………… 10
  任务 1 认识云计算 ……………………………………………………… 11
  任务 2 云计算和虚拟化的关系 ………………………………………… 14

单元二 VMware vSphere 服务器虚拟化 ………………………………… 17
项目一 VMware Workstation 工作站虚拟化技术 ………………………… 17
  任务 1 Workstation 和 VMware Tools 安装 ………………………… 18
  任务 2 连接远程服务器 ………………………………………………… 23
项目二 VMware vSphere 虚拟化技术 ……………………………………… 26
  任务 1 vSphere 虚拟化架构 …………………………………………… 27
  任务 2 ESXi 主机安装与配置 …………………………………………… 30
  任务 3 vCenter Server 安装与配置 …………………………………… 45
  任务 4 数据中心和群集的初步搭建 …………………………………… 56
  任务 5 vSphere 虚拟网络搭建 ………………………………………… 71
  任务 6 vSphere 存储配置 ……………………………………………… 96
  任务 7 vSphere 虚拟机配置和管理 …………………………………… 107
  任务 8 vSphere 群集 DRS 和 HA 应用 ………………………………… 122

单元三 KVM 虚拟化技术应用 …………………………………………… 131
项目一 KVM 环境配置及安装 ……………………………………………… 131
  任务 1 认识 KVM 及体系架构 ………………………………………… 131
  任务 2 KVM 的环境配置及安装 ……………………………………… 135

项目二　KVM 虚拟化技术管理 136
任务 1　使用 KVM 图形化管理工具 virt-manager 137
任务 2　创建虚拟机 146
任务 3　使用命令行工具 virsh 创建管理虚拟机 154
任务 4　KVM 网络管理 162
任务 5　KVM 存储管理 169

单元四　开源云平台 OpenStack 部署 176
项目一　OpenStack 的架构及简单部署 176
任务 1　认识 OpenStack 176
任务 2　使用 DevStack 简单部署 OpenStack 179
项目二　OpenStack 简单运用 184
任务 1　OpenStack 创建项目和用户 184
任务 2　镜像和网络环境准备 187
任务 3　使用 Dashboard 创建虚拟机实例 192

单元五　桌面虚拟化技术应用 200
项目一　VDI 和主流 VDI 虚拟化平台 200
任务 1　桌面虚拟化和 VDI 介绍 200
任务 2　认识 VMware Horizon 202
项目二　VMware Horizon 桌面虚拟化项目部署 205
任务 1　配置实验环境 205
任务 2　AD 域安装配置 207
任务 3　Horizon 相关组件的安装配置 213
任务 4　配置 Horizon Consol 管理页面 228
任务 5　创建链接克隆和即时克隆桌面池 237
任务 6　连接虚拟桌面 249

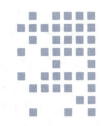

单元一
虚拟化技术基础认知

项目一 认识虚拟化

项目导入

小张是某 IT 公司一名运维工程师,对云计算非常感兴趣,在认识到云计算技术是引领未来信息产业创新的关键性技术后,打算将自己的职业规划向云计算方向发展。而虚拟化技术是云计算最为核心的技术,小张决定学习虚拟化。恰巧公司因业务发展,每年都有新的应用上线,但机房空间已接近饱和,原先的服务器利用率却十分低下。为解决这些问题,公司计划进行虚拟化项目改造升级,以提高资源利用率、降低能源消耗、提升业务连续性、具备容灾能力等。小张觉得这是学习提升的好机会,在项目实施前尽快掌握这方面的知识,参与虚拟化项目的改造。为系统地掌握虚拟化技术,小张决定先从虚拟化技术基础开始学习。

学习目标

- 了解虚拟化的基本概念及目的。
- 理解虚拟化分类。
- 理解虚拟四大主流虚拟化架构及产品。

●●●● 任务 1　初识虚拟化 ●●●●

任务描述

在学习虚拟化技术之前,需要了解虚拟化的发展历程、虚拟化的基本概念、含义和虚拟化的目的。

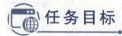

- 了解虚拟化的发展历程。
- 了解虚拟化的基本概念。
- 理解虚拟化的含义。
- 了解虚拟化的目的。

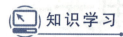

一、虚拟化概念

视 频

虚拟化的概念

虚拟化技术（Virtualization）是伴随着计算机技术的产生而出现的，在计算机技术的发展历程中一直扮演着重要的角色。

虚拟化概念的提出，是在20世纪50年代到20世纪60年代IBM公司就在大型机上实现了虚拟化的商用。随着Intel和AMD等处理器厂商技术的不断发展，原本只在基于RISC的大/小型机上才有的技术已经出现在了x86处理器上，如64位技术、虚拟化技术、多核心技术等等，使得x86服务器在性能上突飞猛进。从操作系统的虚拟化到Java语言虚拟机，再到目前基于x86体系结构的服务器虚拟化技术的蓬勃发展，都为虚拟化这一看似抽象的概念添加了极其丰富的内涵。

随着服务器虚拟化技术的普及，出现了全新的IT基础架构部署和管理方式，为IT管理员带来了高效和便捷的管理体验。同时，虚拟化技术还可以提高IT资源的利用率，减少能源消耗。

"虚拟化"是一个广泛而变化的概念，因此想要给出一个清晰而准确的"虚拟化"定义并不是一件容易的事情。目前业界对"虚拟化"已经产生如下多种定义。

"虚拟化"是表示计算机资源的抽象方法，通过虚拟化可以用与访问抽象前资源一致的方法访问抽象后的资源。这种资源的抽象方法并不受实现、地理位置或底层资源的物理配置的限制。

"虚拟化"是为某些事物创造的虚拟(相对于真实)版本，比如操作系统、计算机系统、存储设备和网络资源等。

"虚拟化"是为一组类似资源提供一个通用的抽象接口集，从而隐藏属性和操作之间的差异，并允许通过一种通用的方式来查看并维护资源。

"虚拟化"是资源的逻辑表示，它不受物理限制的约束。

二、虚拟化含义和目的

1. 虚拟化的含义

在计算机中，虚拟化是一种资源管理技术，是将计算机的各种实体资源，如服务器、网络、内存及存储等，予以抽象、转换后呈现出来，打破实体结构间的不可切割的障碍，使用户可以比原本的组态更好的方式来应用这些资源。

这些资源的新虚拟部分不受现有资源的架设方式、地域或物理组态所限制。一般所指的虚拟化资源包括计算能力和资料存储。在实际的生产环境中，虚拟化技术主要用来解决高性能的物理硬件产能过剩和老的旧的硬件产能过低的重组重用，透明化底层物理硬件，从而最大化地利用物理硬件。

尽管以上几种定义表述方式不尽相同，但分析一下，它们都阐述了三层含义：

（1）虚拟化的对象是各种各样的资源；
（2）经过虚拟化后的逻辑资源对用户隐藏了不必要的细节；
（3）用户可以在虚拟环境中实现其在真实环境中的部分或者全部功能。

2. 虚拟化目的

虚拟化的主要目的是对IT基础设施进行简化，以及对资源进行访问。虚拟化使用软件的方法重新定义及划分IT资源，可以实现IT资源的动态分配、灵活调度、跨域共享，提高IT资源利用率，使IT资源能够真正成为社会基础设施，服务于各行各业。与传统IT资源分配的应用方式相比，虚拟化具有以下优势。

（1）虚拟化技术可以大大提高资源的利用率，提供相互隔离、安全、高效的应用环境。
（2）虚拟化系统能够方便地管理和升级资源。

任务实施

（1）先了解虚拟化的发展历程。
（2）了解虚拟化的定义。
（3）理解虚拟化的含义和目的。

思考与实践

（1）虚拟化的定义是什么？
（2）请按你的理解说出虚拟化包含的三层含义。
（3）虚拟化的目的是什么？

任务2　虚拟化的分类

任务描述

虚拟化根据不同的标准可以划分为不同的虚拟化技术类别，本任务中对虚拟化进行分类。我们需要对不同的虚拟化技术的概念、主要的技术以及特点进行学习。

视频
虚拟化的分类

任务目标

- 了解虚拟化的分类标准。
- 了解软件辅助虚拟化和硬件辅助虚拟化。
- 了解全虚拟化和半（类）虚拟化。
- 理解Hypervisor型、Hosted型、混合型虚拟化。

● 理解服务器虚拟化、桌面虚拟化。

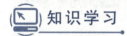 知识学习

虚拟化分类

1. 按虚拟化支持层次分类

按虚拟化支持层次可分为软件辅助的虚拟化和硬件辅助的虚拟化。

1）软件辅助的虚拟化

软件辅助的虚拟化（Software-assisted Virtualization）是通过软件的方法，让客户机的特权指令陷入异常，触发宿主机进行虚拟化处理。主要使用优先级压缩和二进制代码编译技术。

2）硬件辅助的虚拟化

硬件辅助的虚拟化（Hardware-assisted Virtualization）是由硬件厂商提供的功能，在CPU中加入了新的指令集和处理器运行模式。典型技术：Intel VT、AMD-V。

2. 按虚拟化平台类型分类

按虚拟化平台类型可分为全虚拟化和半虚拟化。

1）全虚拟化

全虚拟化（Full Virtualization）也称为原始虚拟化技术，该模型使用虚拟机协调Guest操作系统和原始硬件，VMM在Guest操作系统和裸硬件之间用于工作协调，一些受保护指令必须由Hypervisor（管理程序）来捕获处理。全虚拟化的运行速度要快于硬件模拟，但是性能方面不如裸机，因为Hypervisor需要占用一些资源。全虚拟化有以下特点：

（1）模拟出来的虚拟机的操作系统是跟底层的硬件完全隔离的；

（2）虚拟机中所有的硬件资源都是通过虚拟化软件基于硬件来模拟的。

代表产品：VMware ESXi和KVM。

2）半虚拟化

半虚拟化（Para Virtualization）是另一种类似于全虚拟化的技术，它使用Hypervisor分享存取底层的硬件，但是它的Guest操作系统集成了虚拟化方面的代码。该方法无须重新编译或引起陷阱，因为操作系统自身能够与虚拟进程进行很好的协作。半虚拟化需要Guest操作系统做一些修改，使Guest操作系统意识到自己是处于虚拟化环境的，但是半虚拟化提供了与原操作系统相近的性能。

代表产品：Microsoft Hyper-V和Xen。

3. 按虚拟化的实现结构分类

按照虚拟化的实现结构可分为Hypervisor（管理程序）型、Hosted（宿主）型、混合型。

1）Hypervisor（管理程序）型

虚拟机监视器是完备的操作系统，负责物理资源管理和虚拟环境创建、管理。虚拟机监视器位于最底层，拥有所有的物理资源，如图1-1所示。

2）Hosted（宿主）型

宿主机操作系统负责物理资源的管理。虚拟机监视器通常是宿主机操作系统独立内核模块（有

些还包括用户态进程,如负责I/O虚拟化的用户态设备模型)。通过调用宿主机操作系统的服务获得资源,负责虚拟化。虚拟机作为宿主机操作系统的一个进程来参与调度,如图1-2所示。

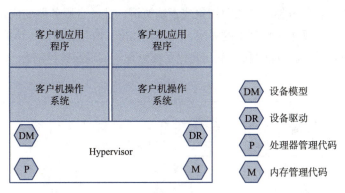

图 1-1　管理程序型架构示意图

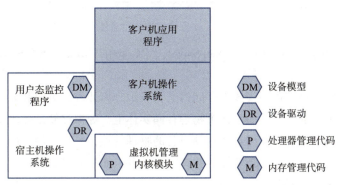

图 1-2　宿主型架构示意图

3)混合型

虚拟机监视器位于最底层,拥有所有的物理资源。将大部分I/O设备的控制权交由特权虚拟机的特权操作系统控制。处理器和内存的虚拟化由虚拟机监视器完成,I/O的虚拟化则由虚拟机监视器和特权操作系统来共同完成,如图1-3所示。

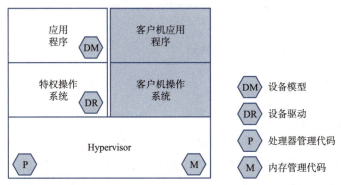

图 1-3　混合型架构示意图

4. 按在云计算应用领域分类

虚拟化按在云计算应用领域分类可以分为服务器虚拟化,存储虚拟化,网络虚拟化,桌面虚拟化、应用程序虚拟化。

1)服务器虚拟化

服务器虚拟化是指将服务器物理资源抽象成逻辑资源,让一台服务器变成几台甚至上百台相互隔离的虚拟服务器,不再受限于物理上的界限,而是让CPU、内存、磁盘、I/O等硬件变成可以动态管理的"资源池",从而提高资源的利用率,简化系统管理,实现服务器整合,让IT对业务的变化更具适应力。如图1-4所示。

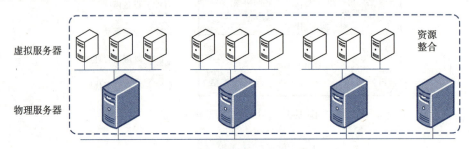

图1-4 服务器虚拟化示意图

典型代表:微软的Hyper-V;Citrix的Xen Server;VMware的VMware ESXi Server。

2)存储虚拟化

存储虚拟化是将实际物理存储实体与存储的逻辑表示分离开来,应用服务器只与分配给它们的逻辑卷打交道,而不关心数据是存储于哪个物理存储实体上。虚拟存储是介于物理存储与用户间的一个中间层,这个中间层屏蔽了实体物理存储设备的物理特性,呈现给用户的是逻辑存储设备。用户所看到的和所管理的存储空间不是实体的物理存储设备,而是通过虚拟存储层映射来实现对实体物理存储设备进行管理和使用的。

3)网络虚拟化

目前网络虚拟化技术的研究与应用主要集中在IP网络虚拟化领域。IP网络虚拟化的范围包括VLAN、VPN、虚拟路由器及逻辑路由器等。

4)桌面虚拟化

典型代表:华为Fusion Cloud桌面云;VMware Horizon View;Citrix Xen Desktop。

5)应用程序虚拟化

典型代表:微软的APP-V、Citrix的Xen App。

任务实施

(1)了解虚拟化分类的标准。

(2)从虚拟化支持层次去了解软件辅助虚拟化和硬件辅助虚拟化的概念和主要实用技术。

(3)从虚拟化平台类型去了解全虚拟化和半虚拟化的概念。

(4)从虚拟化实现结构去理解Hypervisor型、Hosted型、混合型虚拟化的概念、特点。

(5)从应用领域理解服务器虚拟化、存储虚拟化、网络虚拟化、桌面虚拟化、应用程序虚拟化概念及主要代表产品。

思考与实践

（1）虚拟化的分类标准有哪些？
（2）什么是软件辅助虚拟化和硬件辅助虚拟化？分别用到哪些技术？
（3）什么是全虚拟化和半虚拟化？它们分别有什么特点？
（4）Hypervisor型、Hosted型、混合型虚拟机监视器各有哪些特点？
（5）从应用领域划分虚拟化可分为哪些？

任务3　主流虚拟化架构认知

任务描述

随着Intel和AMD等处理器厂商技术的不断发展，如64位技术、虚拟化技术、多核心技术等，使得x86服务器在性能上突飞猛进，虚拟化技术得到飞速发展。当前虚拟化技术中主流和成熟的有4种：VMware的ESXi、微软的Hyper-V、开源的XEN和KVM。本任务对以上4种主流虚拟化架构进行了解和学习，根据它们各自特点进行比较学习，以加深各技术架构的理解。

任务目标

- 了解ESXi虚拟化架构及特点。
- 了解Hyper-V虚拟化架构及特点。
- 了解Xen虚拟化架构及特点。
- 了解KVM虚拟化架构及特点。

视频

主流虚拟化技术

知识学习

一、ESX/ESXi 虚拟化架构

ESXi是VMware公司vSphere产品套件中的重要一部分，负责将计算机的物理资源转化为逻辑资源，从而保证高效地使用计算机资源。在5.0版本之前存在2个版本。在vSphere 5.0中，VMware淘汰了ESX，ESXi成了唯一的Hypervisor。所有VMware代理均直接在虚拟化内核（VMkernel）上运行。基础架构服务通过VMkernel附带的模块直接提供，其他获得授权（拥有VMware数字签名）的第三方模块（如硬件驱动程序和硬件监控组件）也可在VMkernel中运行，因此形成了严格锁定的体系架构。这种体系结构可阻止未授权的代码在ESXi主机上运行，极大地改进了系统的安全性，如图1-5所示。

ESXi是VMware服务器虚拟化体系的重要成员之一，也是VMware服务器虚拟化的基础，其实它本身也是一个操作系统，采用Linux内核（VMkernel），安装方式为裸金属方式，直接安装在物理服务器上，不需安装在其他操作系统。为了使它尽可能小的占用系统资源，同时又保证其高效稳定地运行，VMware将其进行精简封装。ESXi的物理驱动是内置在Hypervisor中，所有设备驱动均是由VMware预植

入的。因此，ESXi对硬件有严格的兼容性列表，不在列表中的硬件，ESXi将拒绝在其上面安装。

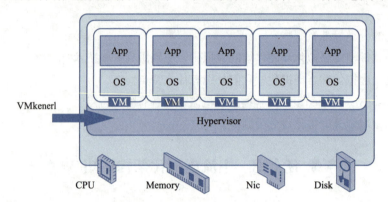

图1-5　ESXi体系结构图

二、Hyper-V 虚拟化架构

Hyper-V是微软新一代的服务器虚拟化技术，首个版本于2008年7月发布，对于一台没有开启Hyper-V角色的Windows Server 2008来说，这个操作系统将直接操作硬件设备，一旦在其中开启了Hyper-V角色，系统会要求重新启动服务器。虽然重启后的系统在表面看来没什么区别，但从体系架构上看则与之前的完全不同了。在这次重启动过程中，Hyper-V的Hypervisor接管了硬件设备的控制权，先前的Windows Server 2008则成为Hyper-V的首个虚拟机，称之为父分区，负责其他虚拟机(称为子分区)以及I/O设备的管理。Hyper-V要求CPU必须具备硬件辅助虚拟化，但对MMU硬件辅助虚拟化则是一个增强选项。Hyper-V体系结构图如图1-6所示。

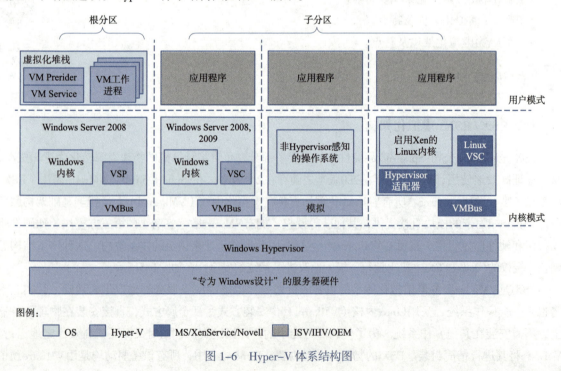

图1-6　Hyper-V体系结构图

Hyper-V的Hypervisor是一个非常精简的软件层,不包含任何物理驱动,物理服务器的设备驱动均是驻留在父分区的Windows Server中,驱动程序的安装和加载方式与传统Windows系统没有任何区别。因此,只要是Windows支持的硬件,也都能被Hyper-V所兼容。

三、Xen 虚拟化架构

Xen是一个开放源代码的虚拟机监视器,最早由剑桥大学开发,后来被Citrix公司收购。它可以在单台服务器上运行多达100个满特征的操作系统。操作系统必须进行显式地修改("移植")以在Xen上运行(但是提供对用户应用的兼容性),这使得Xen无须特殊硬件支持,就能达到高性能的虚拟化。

Xen的Hypervisor是服务器经过BIOS启动之后载入的首个程序,随后启动一个具有特定权限的虚拟机,称为Domain0(简称Dom0)。Dom0的操作系统可以是Linux或UNIX,Dom0实现对Hypervisor控制和管理的功能。在所承载的虚拟机中,Dom0是唯一可以直接访问物理硬件(如存储器和网卡)的虚拟机,它通过本身加载的物理驱动,为其他虚拟机(DomainU,简称DomU)提供访问存储器和网卡的桥梁。Xen体系结构图如图1-7所示。

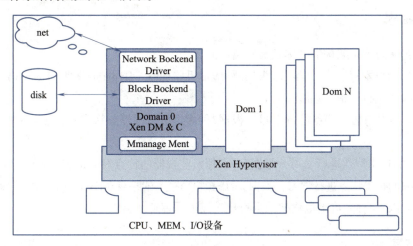

图 1-7　Xen 体系结构图

Xen支持两种类型的虚拟机,一类是半虚拟化虚拟机,另一类是全虚拟化虚拟机(Xen称其为HVM, Hardware Virtual Machine)。

四、KVM 虚拟化架构

KVM全称是Kernel-based Virtual Machine,即基于内核的虚拟机。它是一个开源的系统虚拟化模块,由Quramnet开发,2008年被Red Hat收购。自Linux 2.6.20之后集成在Linux的各个主要发行版本中。它使用Linux自身的调度器进行管理,所以相对于Xen,其核心源码很少。KVM目前已成为业界主流的VMM之一。KVM的虚拟化需要硬件支持(如Intel VT技术或者AMD V技术),是基于硬件的完全虚拟化。

KVM是一个独特的管理程序,通过将KVM作为一个内核模块实现,在虚拟环境下Linux内核集成管理程序将其作为一个可加载的模块用以简化管理和提升性能。在这种模式下,每个虚拟机都是一个常规的Linux进程,通过Linux调度程序进行调度。KVM内核模块主要负责CPU与内存虚拟化,包括

VM创建、内存分配与管理、vCPU执行模式切换等。

在每个虚拟机实例内包含一个QEMU设备模拟,实现I/O虚拟化与各设备模拟(磁盘、网卡、显卡、声卡等),通过IOCTL系统调用与KVM内核交互。KVM体系结构图如图1-8所示。

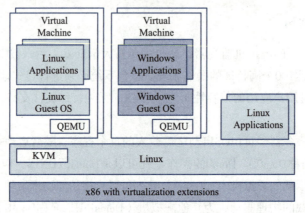

图1-8 KVM体系结构图

任务实施

(1)了解主流虚拟化架构的名称及其所属厂商。

(2)对ESXi的技术特点进行学习,根据3种虚拟机监视器(Hypervisor型、Hosted型、混合型)特点对ESXi的架构图进行分析、理解。

(3)对Hyper-V的技术特点进行学习,根据3种虚拟机监视器的特点对Hyper-V的架构图进行分析、理解。

(4)对Xen的技术特点进行学习,根据3种虚拟机监视器的特点对Xen的架构图进行分析、理解。

(5)对KVM的技术特点进行学习,根据3种虚拟机监视器的特点对KVM的架构图进行分析、理解。

(6)最后对以上4种主流虚拟化架构进行比较以加深理解。

思考与实践

(1)本任务中提到的4种主流虚拟化技术分别属于哪家厂商?按照虚拟化的实现结构分类(Hypervisor型、Hosted型、混合型)应属于哪一种?

(2)父分区和Domain0分别是哪项虚拟化技术中的组件?它们的主要功能是什么?

(3)KVM内核模块的作用是什么?

项目二 云计算与虚拟化

项目导入

在对虚拟化技术基础有一定的了解后,有一个问题小张还是有些疑问,那就是什么是云计算?

虚拟化和云计算究竟是什么关系呢?小张决定弄明白这些问题,因为他觉得理清这些概念之间关系能更好地促进技术学习,能为系统地学习虚拟化技术打下良好的基础。

学习目标

- 了解云计算的概念和特征。
- 理解云计算的架构和分类。
- 理解虚拟化和云计算的关系。

任务1 认识云计算

任务描述

虚拟化技术是云计算的核心技术,云计算是一种革新的信息技术与商业服务的消费与交付模式。本任务介绍云计算的基本概念、架构、分类和云计算相关技术,并讲解云计算与虚拟化间的关系和云计算发展前景。

任务目标

- 了解云计算的概念和特征。
- 理解云计算的架构。
- 理解云计算的分类。
- 了解云计算相关的概念。

知识学习

一、云计算概念和特征

"云计算"是一种基于互联网的计算,在其中共享的资源、软件和信息以一种按需的方式提供给计算机和设备,就如同日常生活中的电网一样。

专业的IT名词百科Whatis.com援引来自Search Cloud Computing .com的定义,广义地将云计算解释为一切能够通过互联网提供的服务,这些服务被划分为3个层次:基础设施即服务、平台即服务和软件即服务。

IBM认为:云计算是一种革新的信息技术与商业服务的消费与交付模式。在这种模式中,用户可以采用按需的自助模式,通过访问无处不在的网络,获得来自与地理无关的资源池中被快速分配的资源,并按实际使用情况付费。

这种模式的主体是所有连接着互联网的实体,可以是人、设备或程序。这种模式的客体是服务本身,包括现在接触到的,以及会在不远的将来出现的各种信息与商业服务。这种模式的核心原则是:硬件和软件都是资源并被封装为服务,用户可以通过网络按需进行访问和使用。

云计算有以下明显的特征:

(1)硬件和软件都是资源,通过网络以服务的方式提供给用户;

(2)这些资源都可以根据需要进行动态扩展和配置;

(3)这些资源在物理上以分布式的方式存在,为云中的用户所共享,但最终在逻辑上以单一整体的形式呈现;

(4)用户按需使用云中的资源,按实际使用量付费,而不需要管理、维护它们。

总之,在云计算中软、硬件资源以分布式共享的形式存在,可以被动态地扩展和配置,最终以服务的形式提供给用户。用户按需使用云中的资源,不需要管理,只需按实际使用量付费。

二、云计算的架构

云计算的架构如图1-9所示。

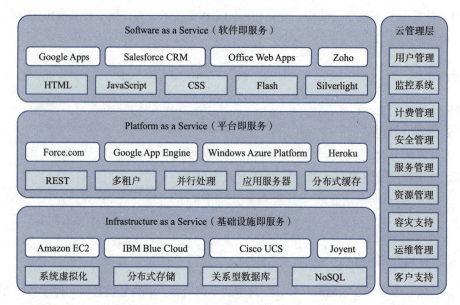

图1-9 云计算架构

三、云计算的分类

我们分别从云计算提供的服务类型和服务方式的角度出发,为云计算分类。

(1)按照服务类型分为以下三类,如图1-10所示。

① 基础设施即服务(Iass)。

② 平台即服务(Pass)。

③ 软件即服务(Saas)。

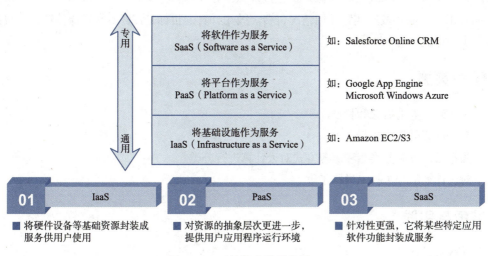

图1-10　云计算分类示意图1

（2）按照服务方式将云计算分为三类，如图1-11所示。
① 公有云（Public Cloud）。
② 私有云（Private Cloud）。
③ 混合云（Hybird Cloud）。

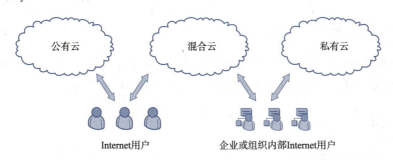

图1-11　云计算分类示意图2

四、云计算相关技术

并行计算（Parallel Computing）将一个科学计算问题分解为多个小的计算任务，并将这些小任务在并行计算机上同时执行，利用并行处理的方式达到快速解决复杂运算问题的目的。并行计算机是一群同构处理单元的集合，这些处理单元通过通信和协作来更快地解决大规模计算问题。

网格计算（Grid Computing）将分散在网络中的空闲服务器、存储系统和网络连接在一起，形成一个整合系统，为用户提供功能强大的计算及存储能力来处理特定的任务。对于使用网格的最终用户或应用程序来说，网格看起来就像是一个拥有超强性能的虚拟计算机。网格计算的本质在于以高效的方式来管理各种加入了该分布式系统的异构松耦合资源，并通过任务调度来协调这些资源合作完成一项特定的计算任务。

效用计算（Utility Computing）强调的是IT资源，如计算和存储等，能够根据用户的要求被按需提供，而且用户只需要按照实际使用情况付费。效用计算的目标是IT资源能够像传统公共设施（如水和电等）一样地供应和收费。

任务实施

（1）了解云计算的概念和特征。
（2）对云计算的架构进行了解。
（3）根据云计算服务类型和服务方式对云计算进行分类。
（4）对云计算的相关技术进行了解。

思考与实践

（1）什么是云计算？
（2）云计算根据服务类型和服务方式可分别分为哪几种类型？
（3）请说出并行计算、网格计算、效用计算的特点。

任务2 云计算和虚拟化的关系

云计算和虚拟化的关系

任务描述

虚拟化根据不同的标准可以划分为不同的虚拟化技术类别，本任务中对虚拟化进行分类。我们需要对不同的虚拟化技术的概念、主要的技术以及特点进行学习。

任务目标

- 了解云计算与虚拟化的关系。
- 了解云计算的前景。

知识学习

一、云计算与虚拟化关系

在云计算中，数据、应用和服务都存储在云中，云就是用户的超级计算机。因此，云计算要求所有的资源能够被这个超级计算机统一管理。但是，各种硬件设备间的差异使它们之间的兼容性很差，这对统一的资源管理提出了挑战。随着虚拟化技术的出现，它将物理资源等底层架构进行抽象，使得设备的差异和兼容性对上层应用透明，从而允许云对底层千差万别的资源进行统一管理。

对云计算和虚拟化差别的描述，有一句经典的话：虚拟化是云计算构建资源池的一个主要方式。

简单来说，云计算是一个概念，而不是具体技术。虚拟化是一种具体技术，指把硬件资源虚拟化，实现隔离性、可扩展性、安全性、资源可充分利用等特点的产品。目前云计算大多是依赖虚拟化，通过把多台服务器实体虚拟化后，构成一个资源池，实现共同计算，共享资源。

总的来说，虚拟化技术是云计算中最关键、最核心的技术原动力。虚拟化和云计算并不是相互捆绑的技术，而是可以优势互补为用户提供更优质的服务。在云计算的部署方案中，虚拟化技术可以使其IT资源应用更加灵活。而在虚拟化的应用过程中，云计算也提供了按需所取的资源和服务。在一些特定场景中，云计算和虚拟化无法剥离，只有相互搭配才能更好地解决客户需求。

二、云计算的未来

国家现在把云计算作为基础设施来建设，经过多年发展，云计算技术和产业创新不断涌现，新技术、新产品和新模式不断推动着云计算的变革。

（1）云计算市场规模快速增长，国家政策大力支持企业上云。

随着云计算的技术和产业日趋成熟，我国云计算产业已成为推动经济增长、加速产业转型的重要力量。根据中国信息通信研究院的预测，预计未来几年我国私有云市场将保持稳定增长。云计算是信息技术发展和服务模式创新的集中体现，是信息化发展的重大变革和必然趋势，随着云计算市场的快速发展和国家政策的大力支持，未来云计算产业面临良好的发展机遇。

（2）云原生技术快速发展。

传统的虚拟化平台只能提供基本的运行资源，云端强大的服务能力红利并没有完全得到释放，云原生理念的出现很大程度上改变了这种状况。云原生专为云计算模型而开发，用户可快速将这些应用构建和部署到与硬件解耦的平台上，为企业提供更高的敏捷性、弹性和云间的可移植性。因此，云原生技术具有容错性好、易于管理和便于监测等特点，让应用随时处于待发布状态。经过几年的发展，容器技术、微服务、DevOps等云原生技术逐渐成熟和广泛应用。使用容器技术可以将微服务及其所需的所有配置环境打包成容器镜像，轻松移植到全新的服务器节点上，而无须重新配置环境；通过松耦合的微服务架构，可以独立地对服务进行升级、部署、扩展和重新启动等，实现频繁更新而不会对用户有任何影响。

（3）云网融合服务能力体系逐渐形成，并向行业应用延伸。

随着云计算产业的不断成熟，企业对网络需求的变化使得云网融合成为企业上云的显性刚需。云网融合是结合业务需求和技术创新带来的新网络架构模式，云服务按需开放网络，基于云专网提供云接入与基础连接能力，通过与云服务商的云平台结合对外提供覆盖不同场景的云网产品，并与其他云服务相结合，最终延伸至具体行业的应用。

总之，云计算经过多年的发展，技术和产业创新不断涌现，新技术、新产品和新模式不断推动着云计算的变革。在产业方面，云计算的应用已深入到政府、金融、工业、交通、物流、医疗健康等行业，企业上云成为趋势，云管理服务、智能云、边缘云等市场开始兴起，云计算与人工智能、物联网等新技术的融合不断推动产业升级和变革；在技术方面，容器技术、微服务、DevOps等云原生技术逐渐成熟和广泛应用，云边协同、云网融合体系逐渐形成。

但是保持技术和产业的持续创新是云计算厂商面临的挑战，需要对云计算技术和产业的发展进行研判，不断加大和深入云计算前沿技术及新技术融合的研发。

任务实施

（1）理解云计算和虚拟化间的关系。
（2）了解云计算的发展前景。

思考与实践

云计算和虚拟化之间的关系是怎样的？

单元 二
VMware vSphere 服务器虚拟化

项目一　VMware Workstation工作站虚拟化技术

项目导入

在对虚拟化技术的基础知识学习后,小张对虚拟化的相关理论知识有了一定的了解。虽然四大虚拟化架构和产品各有自己的优势,但是从服务器虚拟化市场份额来看,VMware 的地位依旧无法动摇,其服务器虚拟化产品 vSphere 是市场上最先进的虚拟化管理程序,具有许多独特的功能和特性,特别适合中小企业自己搭建私有云。小张所在公司也经过分析,认为 VMware vSphere 部署简单、运行稳定,是公司目前最稳妥的选择,同时安排技术人员提前对相关技术进行了解学习。小张决定从 VMware Workstation 开始学习。

学习目标

- 了解 VMware Workstation 的功能。
- 掌握 VMware Workstation 的安装。
- 了解 VMware Tools 的功能。
- 掌握 VMware Tools 的安装。
- 掌握连接远程服务器并对远程虚拟机进行操作。

视频

Workstation 工作站虚拟化技术

任务1　Workstation 和 VMware Tools 安装

任务描述

VMware Workstation是一款功能强大的桌面虚拟计算机软件，为用户提供可在单一的桌面上同时运行不同的操作系统，和进行开发、测试、部署新的应用程序的最佳解决方案。VMware Tools是VMware虚拟机中自带的一种增强工具包。VMware Tools会提高虚拟机中客户机操作系统的性能和改善虚拟机管理，在完成虚拟机安装后首要任务就是安装VMware Tools。在本任务中我们将完成VMware Workstation和VMware Tools安装。

任务目标

- 了解VMware Workstation的功能。
- 掌握VMware Workstation的安装。
- 了解VMware Tools的主要功能。
- 掌握Windows虚拟机VMware Tools的安装。
- 掌握Linux虚拟机VMware Tools的安装。

知识学习

一、VMware Workstation 介绍

VMware Workstation是一款功能强大的桌面虚拟计算机软件，它可在一部实体机器上模拟完整的网络环境，以及可便于携带的虚拟机器，其更好的灵活性与先进的技术胜过了市面上其他的虚拟计算机软件。

VMware Workstation是面向个人用户的虚拟机产品，需要底层操作系统的支持。运行于Windows、Linux中的个人虚拟机产品的名称叫VMware Workstation。运行于Mac平台的虚拟机产品是VMware Fusion。

VMware Workstation荣获了多个行业奖项，由于具有广泛的操作系统支持、丰富的用户体验、全面的功能集和高性能而获得了广泛的认可。它是工程师测试与实验新程序、新应用的完美伴侣，也是工程师的理想装备。对于企业的IT开发人员和系统管理员而言，VMware在虚拟网络、实时快照、拖曳共享文件夹、支持PXE等方面的特点使它成为必不可少的工具。以下是VMware Workstation 15 Pro新增加的功能：

（1）支持更多新的客户机操作系统。
（2）支持DirectX 10.1，通过支持多重采样抗锯齿(MSAA)功能提供了更高的视觉质量。
（3）使用Workstation RESTful API，自动完成常见虚拟机任务。
① 管理虚拟机清单。
② 管理虚拟机电源。

③ 克隆虚拟机。
④ 管理网络连接。
（4）连接到 vCenter 时的"主机和群集"视图。
（5）集成经过改进的P2V工具。
（6）简单的升级或降级工具。
（7）集成VNC Server。

VMware Workstation功能非常强大，应用非常广泛，鉴于Workstation部分功能应用非常普遍，所以有些功能不在此书列出。本书选择了Workstation部分实用功能，供大家参考学习。

二、VMware Tools

VMware Tools是VMware虚拟机中自带的一种增强工具，相当于VirtualBox中的增强功能（Sun VirtualBox Guest Additions）。VMware Tools 中包含一系列服务和模块，可在VMware产品中实现多种功能，从而使用户能够更好地管理客户机操作系统，以及与客户机系统进行无缝交互。尽管客户机操作系统在未安装VMware Tools 的情况下仍可运行，但许多 VMware 功能只有在安装 VMware Tools 后才可用。安装 VMware Tools 以后，套件中的实用程序会提高虚拟机中客户机操作系统的性能和改善虚拟机管理。VMware Tools 具备如下功能。

（1）将消息从主机操作系统传递到客户机操作系统。
（2）将客户机操作系统作为 vCenter Server及其他 VMware产品的组成部分进行自定义。
（3）运行有助于实现客户机操作系统自动化运行的脚本。这些脚本在虚拟机的电源状态改变时运行。
（4）在客户机操作系统与主机操作系统之间同步时间。

子任务1　安装 VMware Workstation

（1）软件下载：https://www.VMware.com/cn/products/workstation-pro/workstation-pro-evaluation.html。
（2）双击下载的VMware Workstation安装文件，会出现安装向导，单击"下一步"按钮，如图2-1所示。

图 2-1　启动 VMware Workstation 安装向导

（3）选择"我接受许可协议中的条款(A)"复选框，单击"下一步"按钮，如图2-2所示。

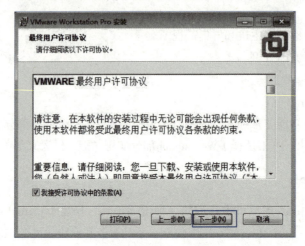

图2-2　接受许可协议

（4）根据提示依次设置安装位置→用户体验设置→快捷方式设置后进行下一步安装，如图2-3所示。

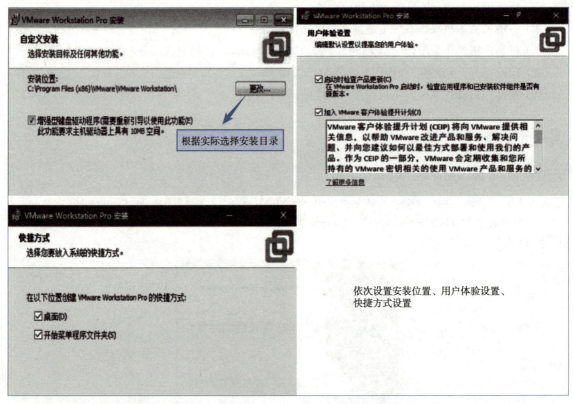

图2-3　选择安装位置

（5）单击"安装"按钮，开始安装VMware Workstation，如图2-4所示。

单元二 VMware vSphere 服务器虚拟化 21

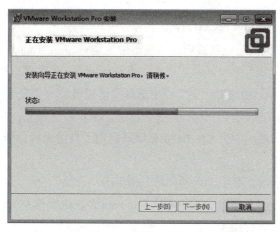

图 2-4 安装过程图

（6）到图2-5所示的界面时输入许可证密钥，也可以选择跳过，以后再输入许可证密钥。

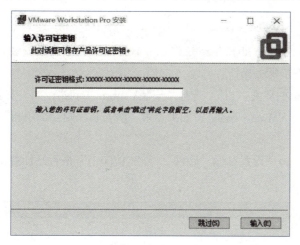

图 2-5 输入许可证

（7）安装完成进入VMware Workstation界面，如图2-6所示。

图 2-6 安装完成

子任务 2　Windows 中 VMware Tools 安装

对于 Windows 系统的虚拟机装完系统后，一般都未安装 VMware Tools，需要进行安装。操作步骤如下。

（1）在主机上，从 Workstation Pro 菜单栏中选择"虚拟机"→"安装 VMware Tools"。或者在虚拟机上右击"安装 VMware Tools"。

（2）如果在客户机操作系统中为 CD-ROM 驱动器启用了自动运行，则会启动 VMware Tools 安装向导。

（3）如果未启用自动运行，要手动启动向导，请单击"开始"→"运行"，然后输入 D:\setup.exe（D: 是第一个虚拟 CD-ROM 驱动器）。对于 64 位 Windows 客户机操作系统，使用 D:\setup64.exe。

（4）按照屏幕上的提示进行操作。

（5）如果显示新硬件向导，请按照提示进行操作并接受默认选项。

（6）之后按照提示重新引导虚拟机。

子任务 3　Linux 中 VMware Tools 安装

一般情况下，在 Workstation 和 vSphere 中安装 Linux 虚拟机，都会自动安装 VMware Tools。如果未安装或者重新安装，按以下步骤去操作。

（1）单击 VMware 菜单栏"虚拟机"，选择"安装 VMware Tools"；如果安装了早期版本的 VMware Tools，则菜单项为"更新 VMware Tools"；如果是第一次安装，则会提示相关信息，单击"是"或者"继续"。

（2）查看"虚拟机"→"设置"→"硬件"→"CD/DVD"是否已加载 CD 虚拟驱动器，如图 2-7 所示。

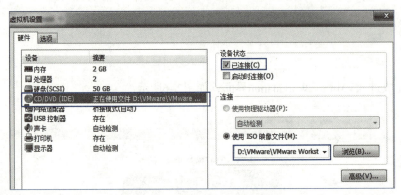

图 2-7　加载 CD 虚拟驱动器

（3）创建 /mnt/cdrom，将光盘挂载在 /mnt/cdrom 目录，并查看是否挂载成功，如图 2-8 所示。

图 2-8　挂载光盘

（4）将后缀名为tar.gz的安装包复制到家目录下，如图2-9所示。

```
[root@localhost ~]# cp /mnt/cdrom/VMwareTools-10.0.1-3160059.tar.gz ~
[root@localhost ~]# ll
总用量 712692
drwxr-xr-x. 2 root root        50 10月 17 11:59 aaa
-rw-------. 1 root root      1700 9月   9 2020 anaconda-ks.cfg
drwxr-xr-x. 3 root root        43 9月  27 14:52 compose_lnmp
-rw-r--r--. 1 root root 658170229 10月 18 08:23 harbor-offline-installer-v1.6.1.tgz
-rw-r--r--. 1 root root      1731 9月   9 2020 initial-setup-ks.cfg
-r--r--r--. 1 root root  71613955 12月 10 16:22 VMwareTools-10.0.1-3160059.tar.gz
```

图 2-9　复制安装包

（5）使用命令tar -xzvf VMwareTools-10.0.1-3160059.tar.gz解压安装包。

（6）使用命令cd VMware-tools-distrib进入到解压后的源码文件目录。

（7）为避免后期网络问题先安装依赖包：

```
yum -y install perl gcc gcc-c++ make cmake kernel kernel-headers kernel-devel
net-tools
```

（8）在cd VMware-tools-distrib目录中运行VMware-install.pl文件，然后一步一步按【Enter】键完成安装，如图2-10所示。

```
[root@localhost ~]# cd vmware-tools-distrib/
[root@localhost vmware-tools-distrib]# ll
总用量 492
drwxr-xr-x.  2 root root     87 10月 19 2015 bin
drwxr-xr-x.  5 root root     39 10月 19 2015 caf
drwxr-xr-x.  2 root root     67 10月 19 2015 doc
drwxr-xr-x.  5 root root   4096 10月 19 2015 etc
-rw-r--r--.  1 root root 279342 10月 19 2015 FILES
-rw-r--r--.  1 root root   2538 10月 19 2015 INSTALL
drwxr-xr-x.  2 root root    137 10月 19 2015 installer
drwxr-xr-x. 15 root root    202 10月 19 2015 lib
drwxr-xr-x.  3 root root     21 10月 19 2015 vgauth
-rwxr-xr-x.  1 root root    243 10月 19 2015 vmware-install.pl
-rwxr-xr-x.  1 root root 205572 10月 19 2015 vmware-install.real.pl
[root@localhost vmware-tools-distrib]# ./vmware-install.pl
```

图 2-10　运行可执行文件

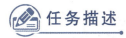

思考与实践

（1）请简述VMware Workstation的主要功能。

（2）VMware Tools的主要功能有哪些？

（3）创建Windows虚拟机1台，并进行VMware Tools的安装。

（4）创建Linux虚拟机1台，重新安装VMware Tools。

任务 2　连接远程服务器

任务描述

VMware Workstation有一种非常实用的功能，那就是可以连接其他安装了VMware Workstation、

ESXi、vCenter Server的服务器,并且对远程主机上的虚拟机进行操作。在本单元项目二vSphere的学习中除了使用浏览器连接vSphere服务器外,我们会经常用到这种连接功能的使用。本任务介绍如何连接到远程服务器,并进行相关操作。

任务目标

- 掌握VMware Workstation连接相关远程服务器的方法。
- 掌握对远程虚拟机进行相关的操作(创建删除虚拟机、快照、克隆、迁移、编辑等)。
- 掌握使用VMware Workstation上载、下载虚拟机的方法。

任务实施

(1)首先启动 VMware Workstation,单击主界面的"连接远程服务器"或者单击"文件"→"连接服务器",如图2-11所示。

图 2-11　连接远程服务器

(2)输入远程服务器的名称、用户名和密码等信息,单击连接,如图2-12所示。

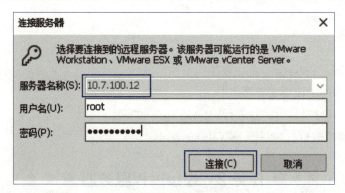

图 2-12　输入信息

(3)连接成功后,就可以管理远程服务器上的虚拟机了,如创建删除虚拟机、开关机、快照、克隆、迁移、编辑虚拟机等操作,如图2-13所示。

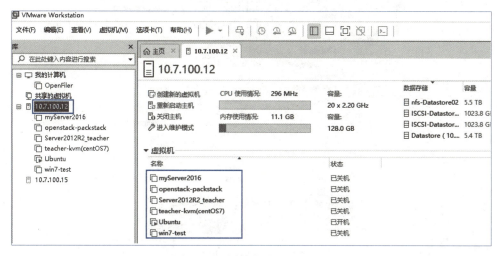

图 2-13　连接到 vCenter Server

（4）如果是连接到vCenter服务器（10.7.100.15），就可以将远程服务器上的虚拟机下载到本地主机，选择远程服务器上的虚拟机，右击选择"管理"→"下载"，如图2-14所示。

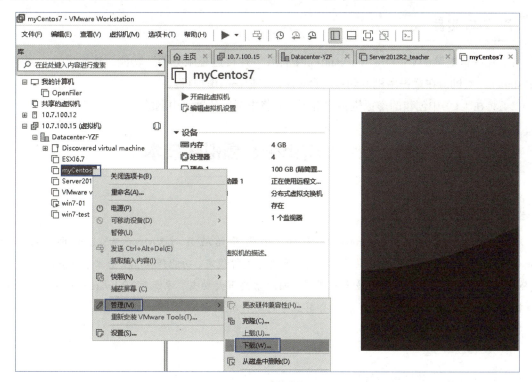

图 2-14　下载虚拟机

（5）也可以将本地主机上的虚拟机上传到远程服务器，选择本地主机上的虚拟机，右击选择"管理"→"上载"，如图2-15所示。

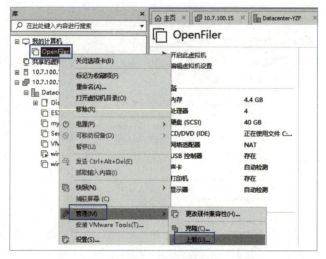

图 2-15 上载虚拟机

（6）选择远程服务器上的主机、数据存储，输入虚拟机的名称，单击"完成"按钮，即可将本地虚拟机上传到远程服务器上。

思考与实践

（1）在一台电脑的 VMware Workstation 中打开"连接远程服务器"功能，连接到另一台安装了 Workstation 的主机，在远程主机上创建一台 Windows 或 Linux 虚拟机。

（2）将在（1）中创建的虚拟机关闭电源，并将虚拟机从磁盘中删除。

项目二　VMware vSphere 虚拟化技术

项目导入

在掌握了 VMware Workstation 的使用后，小张开始展开对 VMware vSphere 的学习。因为 vSphere 是业界领先且可靠的虚拟化平台，部署简单、运行稳定、功能强大，在企业中有着广泛的应用。但 vSphere 平台功能强大、综合，技术点很多，因此需要下大功夫，才能对 VMware vSphere 学习透彻。只有搭建好稳定的虚拟化平台，才能为公司业务的运行提供保障。

学习目标

- 了解 vSphere 产品架构和组件。
- 掌握 ESXi 主机安装与配置。
- 掌握 vCenter Server 安装与配置。
- 掌握数据中心和群集的搭建。
- 掌握 vSphere 虚拟交换机和各种网络配置。

- 掌握 vSphere 各种存储的搭建。
- 掌握 vSphere 虚拟机技术。
- 掌握 vSphere 群集技术 (DRS/HA)。

●●●● 任务1　vSphere 虚拟化架构 ●●●●

任务描述

VMware vSphere 是业界领先且最可靠的虚拟化平台，是整个VMware服务器虚拟化套件的商业名称，也是当今商业化应用最广泛的服务器虚拟化产品。要想比较透彻地掌握vSphere技术，对其产品架构的学习是非常必要的。在本任务中我们将对vSphere的架构及组件进行学习。

视　频

vSphere虚拟化架构

任务目标

- 了解VMware vSphere产品。
- 了解VMware vSphere产品架构。
- 了解vSphere虚拟化架构组成及组件介绍。

知识学习

一、vSphere 产品认知

vSphere 是VMware公司推出一套服务器虚拟化解决方案，是VMware服务器虚拟化套件的商业名称，目前的最新版本为7.0。VMware vSphere堆栈包括虚拟化、管理和界面层。VMware vSphere的两个核心组件是ESXi服务器和vCenter Server。ESXi是用于创建和运行虚拟机及虚拟设备的虚拟化平台。vCenter Server是管理平台，可用于将多个ESXi主机加入池中并管理这些资源。

VMware vSphere 可将数据中心转换为包括 CPU、存储和网络资源的聚合计算基础架构。vSphere将这些基础架构作为一个统一的运行环境进行管理，并提供工具来管理加入该环境的数据中心。vSphere将应用程序和操作系统从底层硬件分离出来，从而简化了IT操作。

本书使用的是vSphere6.7版本，所有的安装运行环境使用的是完全的物理环境，针对性更强，更趋向实际。

二、vSphere 架构

1. vSphere物理架构

典型的VMware vSphere 数据中心由基本物理构建块（例如x86虚拟化服务器、存储器网络和阵列、IP网络、管理服务器和桌面客户端)组成，如图2-16所示。

2. vSphere虚拟化平台架构

vSphere虚拟化平台架构如图2-17所示。

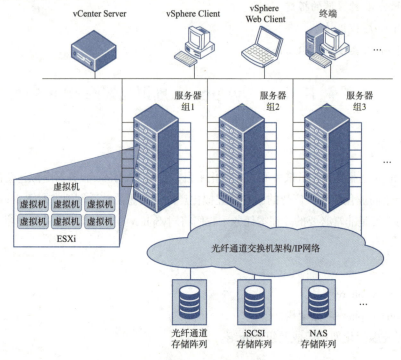

图 2-16 vSphere 物理架构

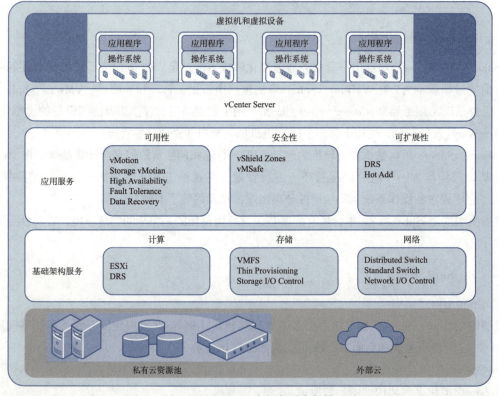

图 2-17 vSphere 虚拟化平台架构

三、vSphere 虚拟化架构组成及组件介绍

1. 基础架构服务

基础架构服务（Infrastructure Service）包括计算（Computer）、存储（Storage）、网络（Network）三部分。

1）计算

（1）ESXi是在物理服务器上安装虚拟化管理服务，用于管理底层硬件资源。安装ESXi的物理服务器称为ESXi主机，是vSphere虚拟化架构的基础。

（2）DRS是vSphere高级特性之一，动态调配虚拟机运行的ESXi主机，充分利用物理服务器硬件资源。

2）存储

（1）VMFS是虚拟机文件系统，跨越多个物理服务器实现虚拟化的基础。

（2）Thin Provisioning（精简盘）：对虚拟机硬盘文件VMDK动态调配的技术。

（3）Storage I/O Control（存储读写控制）：vSphere高级特性，利用对存储读写的控制使存储达到更好的性能。

3）网络

（1）Distributed Switch（分布式交换机）：vSphere虚拟化架构网络核心，跨越多台ESXi主机的虚拟交换机。

（2）Standard Switch（标准交换机）：安装ESXi主机后，系统会自动创建一个，专属于某台ESXi主机。

（3）Network I/O Control（网络读写控制）：vSphere高级特性，通过对网络读写的控制使网络达到更好的性能。

2. 应用服务

应用服务（Application Service）包括可用性（Availability）、安全性（Security）、可扩展性（Scalability）。

1）可用性

（1）vMotion（实时迁移）：是让运行在ESXi主机上的虚拟机可以在开机或关机状态下迁移到另外的ESXi主机上。

（2）Storage vMotion（存储实时迁移）：是让虚拟机所使用的存储文件在开机或关机状态下迁移到另外的存储设备上。

（3）High Availability（高可用性）：是在ESXi主机出现故障的情况下，将虚拟机迁移到正常的ESXi主机运行，尽量避免由于ESXi主机故障而导致服务中断。

（4）Fault Tolerance（容错）：是让虚拟机同时在两台ESXi主机上以主/从方式并发地运行，也就是所谓的虚拟机双机热备。

（5）Data Recovery（数据恢复）：是通过合理的备份机制对虚拟机进行备份，以便故障发生时能够快速恢复。

2）安全性

（1）vShield Zones：是一种安全性虚拟工具，可用于显示和实施网络活动。

（2）VMsafe：安全API，第三方安全厂商可以在管理程序内部保护虚拟机。

3）可扩展性

（1）DRS(分布式资源调度)：vSphere高级特性之一，动态调配虚拟机运行的ESXi主机，充分利用物理服务器硬件资源。

（2）Hot Add（热拔插）：使用虚拟机在不关机的情况下增加CPU、内存、硬盘等硬件资源。

3. vCenter Server

vCenter Server是虚拟化架构的核心管理工具，日常管理操作平台。利用它可集中管理多个ESXi主机及其虚拟机。vSphere虚拟化架构所有高级特性都必须通过其实现，如：vMotion、DRS、HA等。

4. 虚拟机和虚拟设备

虚拟机和物理机一样拥有CPU、内存、硬盘等硬件资源，安装操作系统以及应用程序后与物理服务器提供一样的服务。

5. 私有云资源池和外部云

（1）私有云资源池：由硬件资源组成，通过vSphere管理私有云所有资源。

（2）外部云：私有云的延伸，可向外部提供云计算服务。

任务实施

（1）首先对vSphere产品进行了解。

（2）分别对vSphere的物理架构、虚拟化平台架构进行学习。

（3）对vSphere基础架构服务的计算、存储、网络子模块中用到的技术进行学习、理解。

（4）对vSphere的应用服务的可用性、安全性、可拓展性子模块中用到的技术进行理解、学习。

思考与实践

（1）简述vSphere是什么？它与ESXi之间的关系是什么？

（2）vSphere中基础架构服务和应用服务各包含哪些内容？

（3）vSphere应用服务中的可用性包含哪些技术？

●●●● 任务2　ESXi主机安装与配置 ●●●●

视 频

ESXi主机安装与配置

任务描述

ESXi是vSphere虚拟化架构的基础，是vSphere套件中的重要组成部分。它是运行在物理硬件上的虚拟化层，用于管理底层硬件资源。安装了ESXi的物理服务器称为ESXi主机，本书中使用的版本为6.7。在本任务中，我们将进行ESXi主机的系统安装，并对ESXi主机进行连接和配置。

单元二 VMware vSphere 服务器虚拟化

任务目标

- 了解ESXi主机。
- 掌握ESXi主机的安装。
- 掌握ESXi主机的配置。
- 掌握连接主机配置许可。
- 掌握ESXi创建虚拟机。

知识学习

一、ESXi 主机介绍

在单元一中，我们对ESXi进行了了解，我们知道ESXi是vSphere产品套件中的重要一部分，负责将计算机的物理资源转化为逻辑资源，从而保证高效地使用计算机资源，如今的最新版本是ESXi 7.0。ESXi是VMware的企业虚拟化产品，可视为虚拟化的平台基础，部署于实体服务器。不同于VMware Workstation、VMware Server，ESXi采用的是裸金属或裸机的一种安装方式，直接将Hypervisor安装在实体机器上，并不需要实现安装OS。Hypervisor就是掌握硬件资源的微内核。

ESXi专为运行虚拟机、最大限度降低配置要求和简化部署设计。ESXi 体系结构采用基于 API 的合作伙伴集成模型，因此不再需要安装和管理第三方管理代理。利用远程命令行脚本编写环境（例如 vCLI 或 PowerCLI），可以自动执行日常任务。

二、安装环境介绍

本学习情境采用4台戴尔Power Edge R720物理服务器，CPU配置：2 × Intel(R) Xeon(R) E5-2660v2@2.2GHz，内存128 GB。其中3台部署ESXi 6.7主机，1台部署Server 2016搭建iSCSI存储供ESXi主机使用；PC 1台作为管理机使用；无线路由器1台，提供无线AP和dhcp功能；交换机3台，1台连接各物理设备，1台供vMotion网络使用，1台连接iSCSI存储使用。平台搭建好以后，也作为后边学习任务5的基础实验环境。

任务实施

子任务 1　安装 ESXi 主机

（1）从官方下载安装软件包。

（2）如果是在物理服务器上安装系统，服务器要先做好RAID，并制作启动U盘。使用Rufus工具制作启动U盘,直接将系统镜像包ISO写入U盘，启动服务器。按【F11】键进入BIOS Boot Manager，选择BIOS Boot Menu，进行U盘启动。之后的步骤和在虚拟机中安装相同。（为了方便截图保存，以下的安装步骤是在物理的ESXI 6.7主机上安装虚拟的ESXi 6.7）

（3）挂载镜像开机后，选择第一项按【Enter】键，如图2-18、图2-19所示。

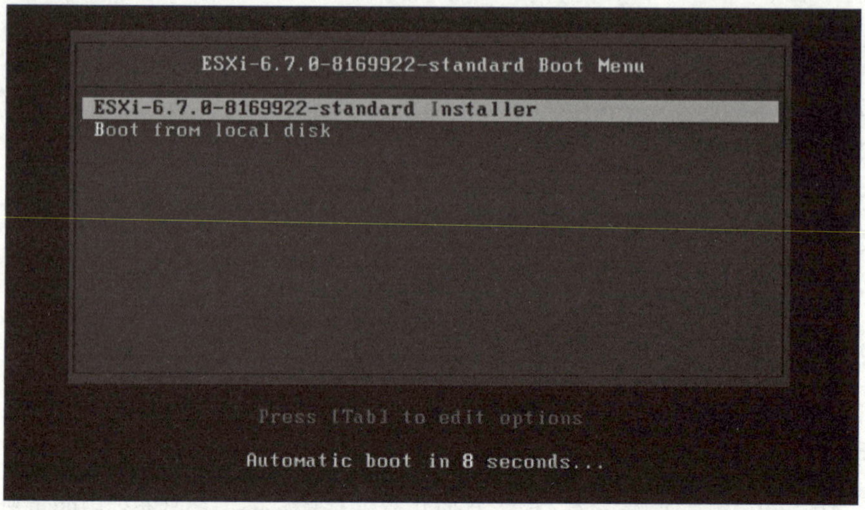

图 2-18 选择启动项

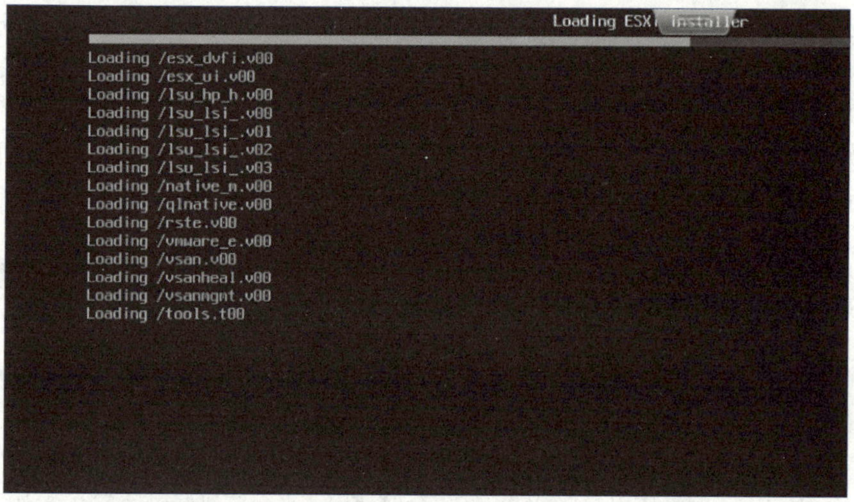

图 2-19 加载启动

（4）进入ESXi欢迎界面，按【Enter】键继续，如图2-20所示。

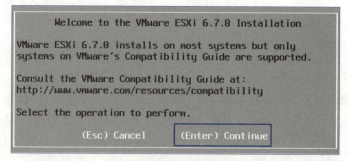

图 2-20 欢迎界面

（5）在该安装许可协议界面，按【F11】键继续，如图2-21所示。

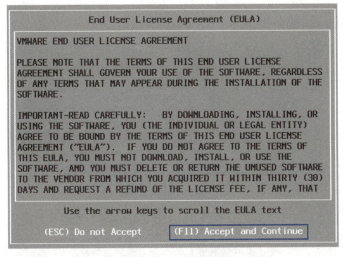

图 2-21　接受许可协议

（6）系统会自动检查可用存储设备，之后在该界面选择安装的磁盘位置，按【Enter】键继续，如图2-22所示。

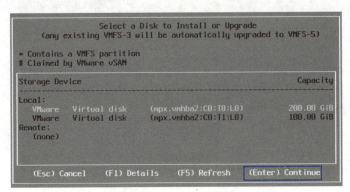

图 2-22　选择安装磁盘

（7）选择US default设置键盘默认布局，如图2-23所示。

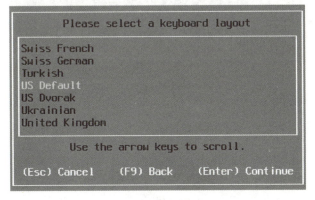

图 2-23　选择键盘布局

（8）输入root密码，注意密码最少为7位，如图2-24所示。

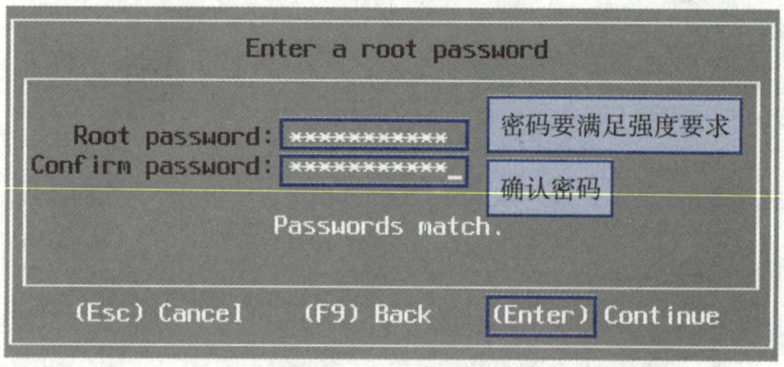

图 2-24　输入密码

（9）配置完所有信息后来到该界面，按【F11】键开始安装。如图2-25所示。

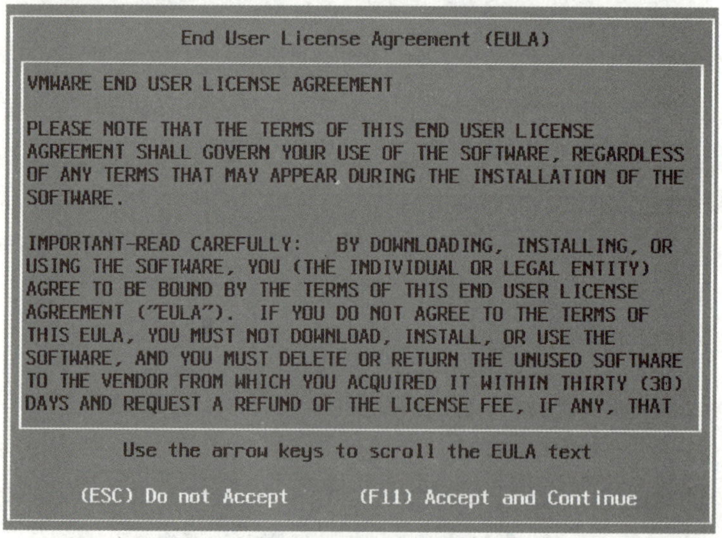

图 2-25　开始安装

（10）安装完成后，在该界面按【Enter】键重启，如图2-26所示。重启完成如图2-27所示。

图 2-26　重启

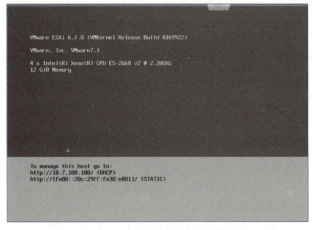

图 2-27　重启完成

子任务 2　配置 ESXi 主机

因为真实的环境下我们很少在本地服务器上进行操作，有关的操作都可以在浏览器/vSphere Client上进行（6.5版本之后官方开始推荐直接浏览器界面配置了）。我们需要对ESXi主机密码、网络等进行一些必要的配置。

（1）按【F2】键，在弹出的登录界面输入root账号、密码，按【Enter】键，如图2-28所示。

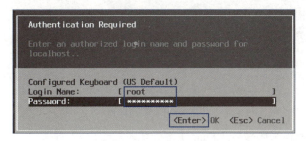

图 2-28　登录界面

（2）成功登录后，出现显示配置项界面，如图2-29所示。

图 2-29　显示配置项

左侧的各项配置项为：

- Configure Password：配置root密码。
- Configure Lockdown Mode：配置锁定模式。
- Configure Management Network：配置管理网络。
- Restart Management Network：重启管理网络。
- Test Management Network：测试管理网络。
- Network Restore Options：还原网络配置。
- Config Keyboard：配置键盘。
- Troubleshooting Options：故障排查选项，可启用Shell与SSH。
- View System Logs：查看系统日志。
- View Support Information：VMware EXSi的支持信息。
- Reset System Configuration：恢复系统配置。

（3）进行密码配置。选择Configure Password选项，按【Enter】键后如图2-30所示。

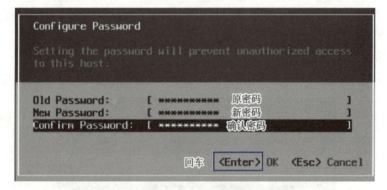

图2-30 密码配置

在正确输入原密码和新密码后按【Enter】键确认，按【Esc】键取消。

（4）配置IP地址、DNS、主机名。选择Configure Management Network选项，右边显示的是主机名以及相关网络信息，如图2-31所示。

图2-31 进入管理网络

（5）按【Enter】键进入第二选项，选择Network Adapters，进行管理网络设置，如图2-32所示。

图 2-32　管理网络设置

（6）按【Enter】键后，如果驱动正常应该能看见多张网卡。选择网卡作为管理网卡，按【Enter】键确认，按【Esc】键取消，如图2-33所示。

图 2-33　选择管理网卡

（7）选择IPv4 Configuration（或者IPv6 Configuration）选项进行网络设置，此处选择IPv4 Configuration，如图2-34所示。

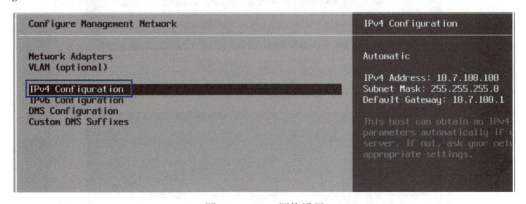

图 2-34　IPv4 网络设置

按【Enter】键后，箭头下翻到static IPv4，按【Space】键选择，然后进行相关信息修改，如图2-35所示。

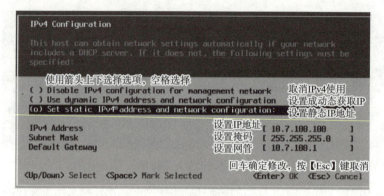

图 2-35　修改网络信息

（8）选择DNS Configuration选项，按【Enter】键进行DNS、主机名设置，如图2-36、图2-37所示。

图 2-36　DNS 设置

图 2-37　DNS、主机名修改

（9）选择Custom DNS Suffixes选项，如果需要可以配置自定义DNS后缀，如图2-38所示。

图 2-38　DNS 后缀

（10）选择Troubleshooting Options选项，按【Enter】键，如图2-39、图2-40所示可设置启用或关闭某些服务。通过【Enter】键设置启用或取消Shell和SSH服务。

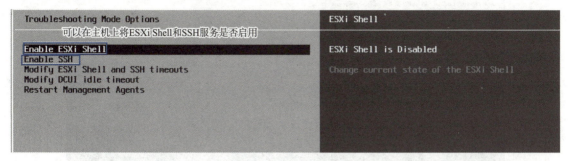

图 2-39　启用 Shell-1

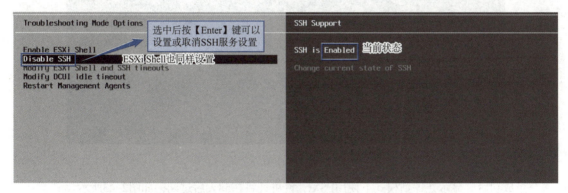

图 2-40　启用 Shell-2

（11）对网络等配置进行修改完成后退出设置（按【ESC】键），需要重启，如图2-41所示。

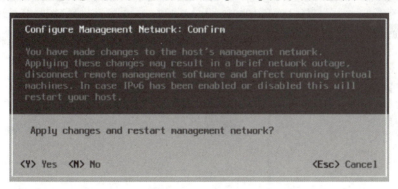

图 2-41　退出设置

子任务 3　连接 ESXi 主机

6.5版本之后官方抛弃了客户端，开始推荐直接浏览器界面配置。将PC和ESXi服务器设置同一网段，就能通过IP地址在浏览器中访问ESXi服务器了。

（1）在浏览器中输入设置好的ESXi主机IP地址：https://10.7.100.11，按【Enter】键，输入用户名和密码，单击"登录"按钮或按【Enter】键，如图2-42所示。

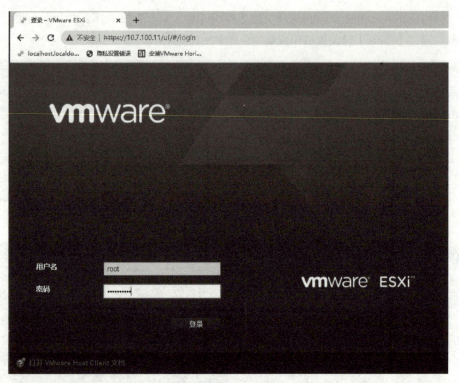

图 2-42　Web 登录界面

登录成功后，显示在评估模式下使用ESXi，许可证将在58天后过期，如图2-43所示。

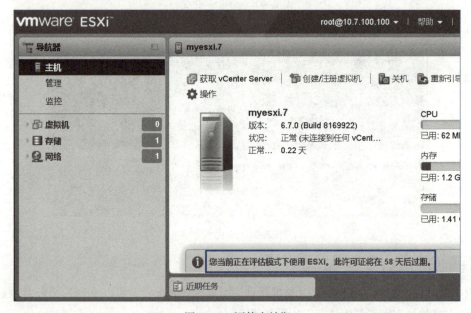

图 2-43　评估有效期

（2）我们在评估期到期前可以将许可证分配给 ESXi 主机。也可以在部署完成vCenter之后，在vCenter中一并分配许可。在这里选择"管理"→"许可"→"分配许可证"，如图2-44所示。

图 2-44　分配许可证 -1

（3）输入许可证密钥后，单击"分配许可证"按钮，如图2-45所示。

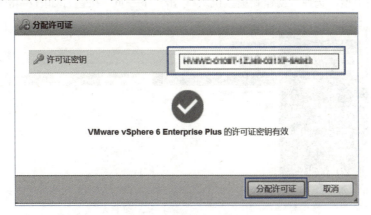

图 2-45　分配许可证 -2

（4）单击"分配许可证"按钮后，评估警告消除，如图2-46所示。

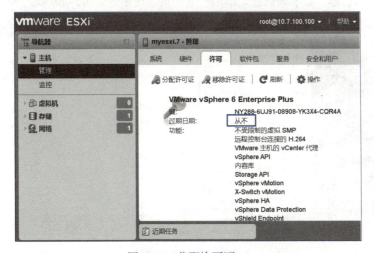

图 2-46　分配许可证 -3

子任务 4　创建虚拟机

（1）登录 VMware ESXi 后台后，单击"创建/注册虚拟机"，如图 2-47 所示。

图 2-47　创建 / 注册虚拟机

（2）选择创建类型，选择"创建新虚拟机"，单击"下一页"按钮，如图 2-48 所示。

图 2-48　创建新虚拟机

（3）设置虚拟机名称、版本等信息，单击"下一页"按钮，如图 2-49 所示。

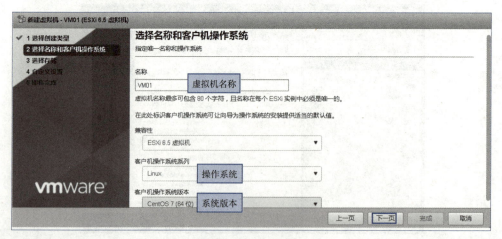

图 2-49　信息填写

(4)选择存储,单击"下一页"按钮,如图2-50所示。

图 2-50　选择存储

(5)进行虚拟机硬件配置,如CPU与内存等,如图2-51所示。

图 2-51　硬件配置

(6)添加CD/DVD 驱动器,选择"数据存储ISO文件",单击"浏览"按钮,选择镜像之后单击"下一页"按钮,如图2-52所示。

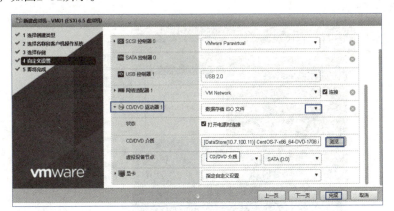

图 2-52　选择镜像

(7)查看虚拟机配置信息,可以单击"上一页"按钮进行修改,没有改动则单击"完成"按钮,如图2-53所示。

图 2-53　即将完成

（8）单击打开电源，启动虚拟机，如图2-54所示。

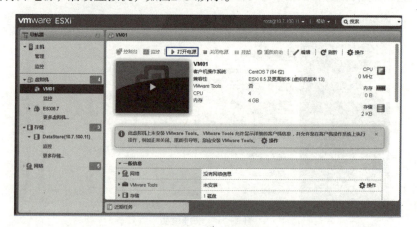

图 2-54　启动虚拟机

（9）单击"操作"→"控制台"，可以选择虚拟机的打开方式，此处选择"在新窗口打开控制台"命令，如图2-55所示。

图 2-55　打开控制台

（10）虚拟机进入系统安装阶段，如图2-56所示。

图 2-56　虚拟机安装

思考与实践

（1）在服务器或者虚拟机上安装ESXi系统。
（2）在ESXi主机上进行相关网络配置。
（3）在浏览器中登录ESXi主机管理界面，创建1台虚拟机并运行。

任务3　vCenter Server 安装与配置

任务描述

vCenter Server是vSphere虚拟化架构中的核心管理工具，利用vCenter Server可以集中管理多个ESXi主机及其虚拟机，并且可以实现vSphere虚拟化架构的所有高级特性。本书中使用的版本是6.7。在本任务中，我们将进行vCenter Server的安装，并进行连接登录。

任务目标

- 了解vCenter Server的功能。

视　频

vCenter
Server安装
与配置

- 了解vCenter Server的架构和组件。
- 掌握vCenter Server的安装。

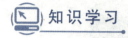 知识学习

一、vCenter Server 介绍

vCenter Server是vSphere虚拟化架构中的核心管理工具,利用vCenter Server可以集中管理多个ESXi主机及其虚拟机,并且可以实现vSphere虚拟化架构的所有高级特性,例如vMotion、DRS、HA等。vCenter Server 当前最新版本为vSphere7.0。

vSphere6.5版本之前可以使用vSphere Client连接登录。从vSphere6.5起已经不支持vSphere Client登录了,而需要使用vSphere Web Client连接登录vCenter。vCenter Server有Windows版本和Linux版本vCenter Server Appliance(VCSA),官方推荐使用VCSA版本。本书使用vSphere6.7版本的VCSA。

二、vCenter Server 架构

1. vCenter Server管理架构

vCenter Server管理架构如图2-57所示。

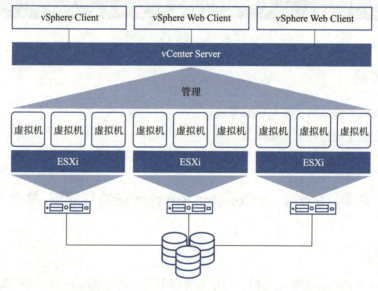

图 2-57　vCenter Server 管理架构

2. vCenter Server体系结构

vCenter Server有ESXi主机、vSphere Client客户端、vCenter Server、数据库、活动目录Active Directory等几部分组成,如图2-58所示。

3. vCenter Server组件

vCenter Server主要组件包括数据库服务器、核心服务、用户访问控制接口、vSphere API接口等,如图2-59所示。

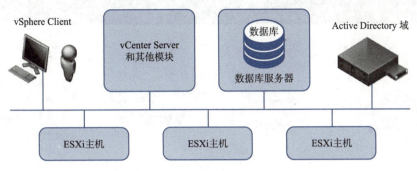

图 2-58　vCenter Server 体系结构

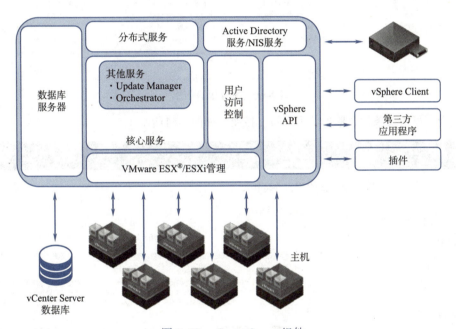

图 2-59　vCenter Server 组件

任务实施

本课程安装的是6.7版本的VCSA。VCSA是一台预装了vCenter的SUSELinux虚拟机，官方推荐VCSA作为一台虚拟机安装在数据中心的某台ESXi主机上。使用VCSA可以用来快速搭建自己的vCenter而节省大量的时间与工作量。

VCSA安装最低硬件要求2个CPU，内存10 GB，硬盘300 GB。官方下载安装包后，用在一台Windows或Linux系统的PC作为跳板机启动安装程序。VCSA的部署分为两个阶段，具体步骤如下。

（1）打开安装程序之后，右上角选择"简体中文"，单击"安装"按钮，如图2-60所示。

图 2-60　选择语言版本

（2）接受许可协议条款，单击"下一页"按钮，如图2-61所示。

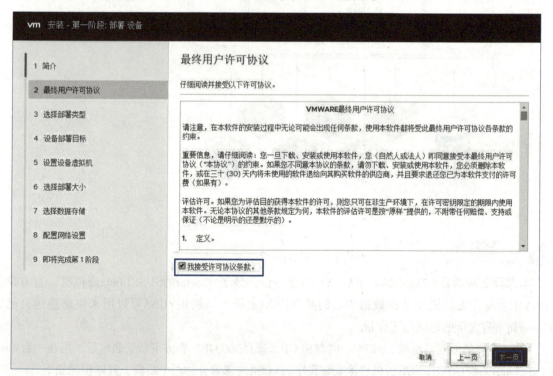

图 2-61　接受许可协议条款

（3）此处选择"嵌入式Platform Services Controller部署的vCenter Server"单选按钮，如图2-62所示。

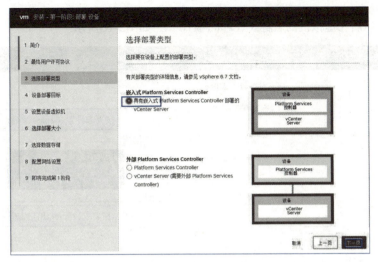

图 2-62　选择部署类型

（4）选择VCSA部署的位置，输入ESXi主机地址。vCenter最终部署在这台ESXi主机上，如图2-63所示。

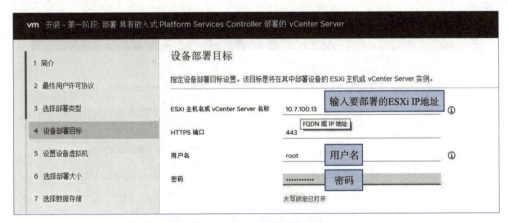

图 2-63　设备部署目标

弹出"证书警告"对话框，单击"是"按钮，如图2-64所示。

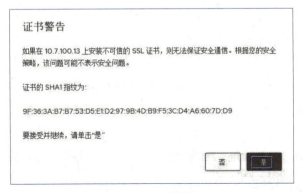

图 2-64　证书警告

(5)设置VCSA所在虚拟机的名称(vCenter Server),如图2-65所示。

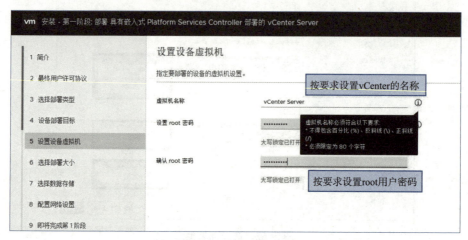

图 2-65　设置设备虚拟机

(6)部署大小,根据自己的规模需求选择,在这里选择"小型",单击"下一页"按钮,如图2-66所示。

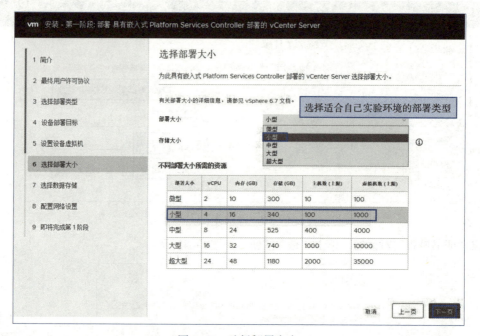

图 2-66　选择部署大小

(7)选择虚拟机所在的存储。根据实际情况确定是否启动精简磁盘模式,如图2-67所示。

(8)输入VCSA主机所用的网络、主机名、IP地址等信息,这个地方需要注意的是FQDN,如果没有搭建域服务器,直接填入IP地址,因为我们已经有DNS服务器,所以此处使用FQDN。输入完成后单击"下一页"按钮,如图2-68所示。

单元二　VMware vSphere 服务器虚拟化

图 2-67　选择数据存储

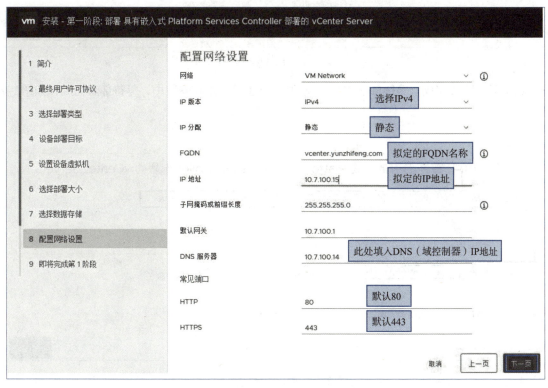

图 2-68　配置网络设置

（9）确认安装信息，确认无误后单击"完成"按钮进行第一阶段部署，如图2-69所示。

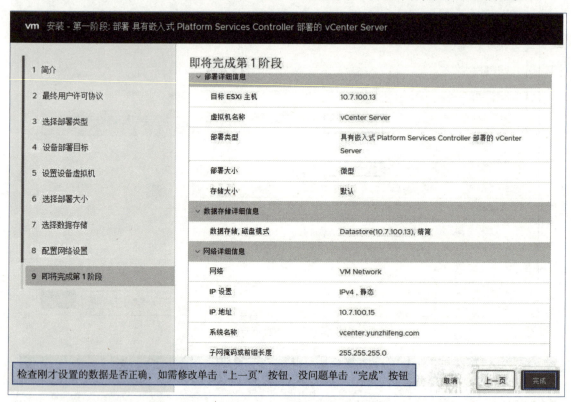

图 2-69　确认安装信息

（10）第一阶段完成，等待ESXi主机上创建VCSA主机。正在安装中，等待部署完成，如图2-70所示。

图 2-70　第一阶段部署完成

进入第二阶段部署，单击"下一步"按钮，如图2-71所示。

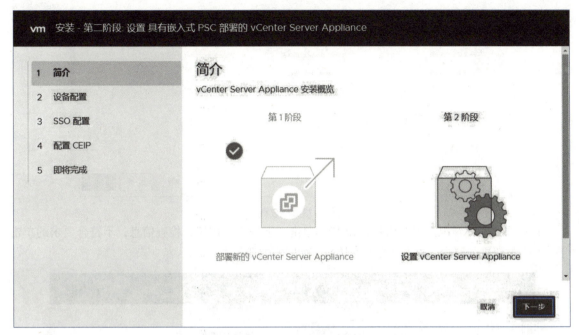

图 2-71　第二阶段部署

（11）选择与主机同步时间（如果搭建了NTP，可以选择自己时间服务器），SSH功能选择开启，如图2-72所示。

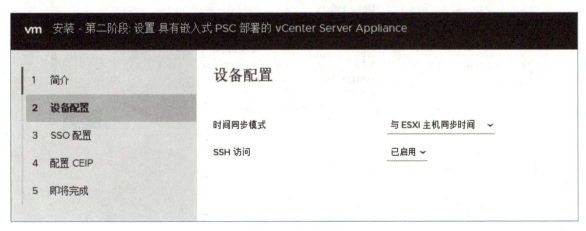

图 2-72　设备配置

（12）配置SSO配置，输入Single Sign-On的域名、管理员密码以及站点名称，输入完成后单击"下一步"按钮，如图2-73所示。

图 2-73　SSO 配置

（13）根据实际情况选择是否加入CEIP，单击"下一步"按钮，检查信息，不符合要求的单击"上一步"按钮进行修改，单击"完成"按钮，如图2-74所示。

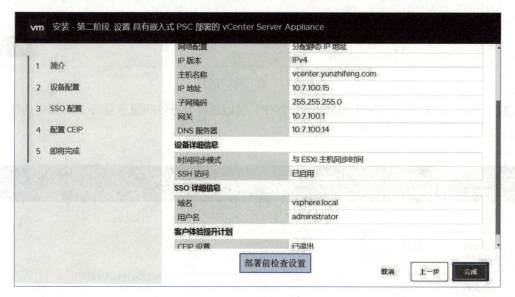

图 2-74　部署前检查

（14）等待部署完成，如图2-75所示。

图 2-75　部署进行中

（15）在vCenter完成配置安装，在浏览器中输入：https://10.7.100.15并按【Enter】键，由于Flash官方已经停止维护，已经不能使用Flash方式访问，我们选择HTML5方式连接，如图2-76所示。

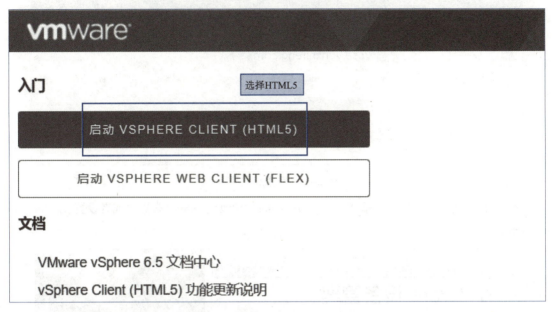

图2-76　浏览器访问 vCenter Server

（16）在登录窗口输入用户名和密码后，单击"登录"按钮，如图2-77所示。

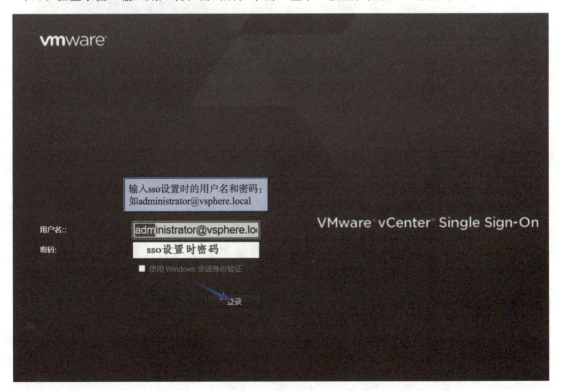

图2-77　登录 vCenter Server

（17）登录成功后，出现登录成功界面，如图2-78所示。

图 2-78　登录成功界面

（18）我们也可以在浏览器里输入"https://vCenter的IP地址:5480"来更改或者设置vCenter，如图2-79所示。

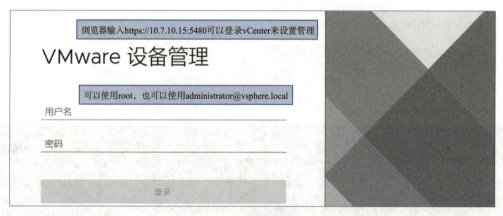

图 2-79　浏览器登录

思考与实践

（1）vCenter Server的作用是什么？由哪些主要组件构成？
（2）部署一台VCSA6.7 vCenter Server，并通过浏览器进行登录。

●●●● 任务 4　数据中心和群集的初步搭建 ●●●●

任务描述

在ESXi主机和vCenter Server服务搭建完成后我们就可以进行数据中心和群集的搭建了，在群集中可以创建管理更多的虚拟机。在本任务中，我们将创建数据中心、创建群集、添加主机、分配许可证。

单元二　VMware vSphere 服务器虚拟化

任务目标

- 掌握数据中心的创建。
- 掌握群集的初步搭建。
- 掌握数据中心或群集中添加ESXi主机。
- 掌握vCenter和ESXi许可证分配的方法。

任务实施

子任务1　创建数据中心和群集

（1）连接到vCenter之后就可以创建数据中心了。右击vcsa.yunzhifeng.com,在弹出的快捷菜单中单击"新建数据中心"命令或者在"操作"下拉列表中单击"新建数据中心"命令，如图2-80所示。

图 2-80　新建数据中心

（2）输入数据中心名称Datacenter-YZF，单击"确定"按钮，如图2-81所示。

图 2-81　确定名称

（3）在视图中可以看到已经创建了数据中心Datacenter-YZF，如图2-82所示。

图 2-82　创建完成

（4）接下来，我们再创建群集。可以先创建群集再添加主机，或者先添加主机后再将ESXi主机放到群集中。在数据中心上右击或者单击"操作"→"创建群集"，如图2-83所示。

图 2-83　创建群集

（5）输入群集名称，创建群集时，先不要勾选DRS和vSphere HA后的"打开"复选框，后边我们再专门讲解群集技术。单击"确定"按钮，如图2-84所示。

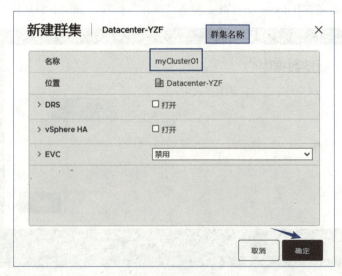

图 2-84　群集信息

（6）群集myCluster01成功创建，如图2-85所示。

图2-85　群集创建完成

子任务2　添加主机

（1）右击创建好的群集myCluster01，在弹出的快捷菜单中选择"添加主机"命令或者在"操作"下拉列表中选择"添加主机"命令，如图2-86和图2-87所示。

图2-86　添加主机方式1

图2-87　添加主机方式2

（2）输入主机名或者IP地址、用户名和密码后，单击NEXT按钮，如图2-88所示。

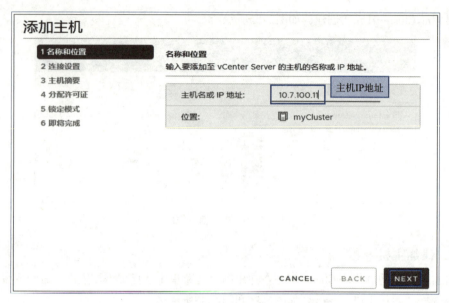

图 2-88　添加主机 IP

（3）输入要添加主机的用户名root和密码，单击NEXT按钮，如图2-89所示。

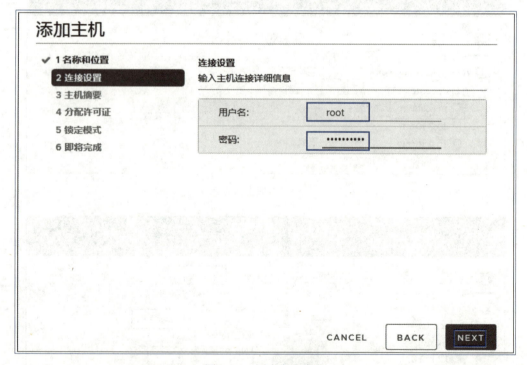

图 2-89　用户名和密码

（4）显示主机摘要信息，单击NEXT按钮，如图2-90所示。
（5）分配许可证选项直接单击NEXT按钮（如果使用评估许可证后边进行配置），如图2-91所示。

图 2-90　主机摘要

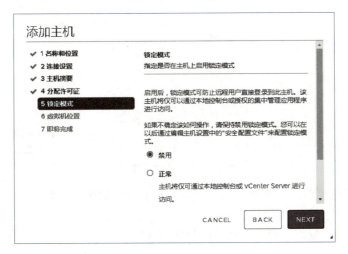

图 2-91　分配许可证

（6）锁定模式选择"禁用"单选按钮，如图2-92所示。

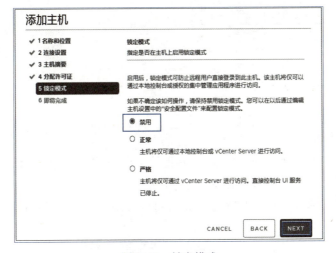

图 2-92　锁定模式

（7）核查相关信息，没有错误后单击FINISH按钮完成ESXi主机的添加，如图2-93所示。

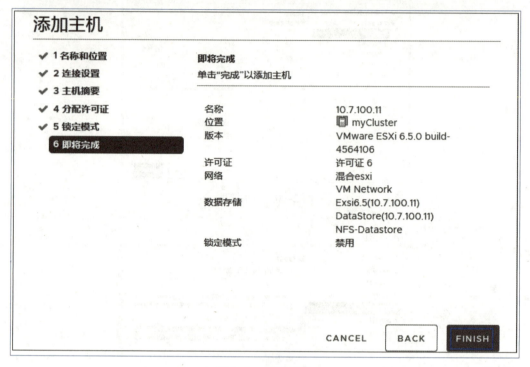

图 2-93　检查信息

（8）展开左侧群集菜单，发现10.7.100.11主机完成添加，如图2-94所示。

图 2-94　完成主机添加

子任务3　分配许可证

（1）在上面的操作中，我们发现vCenter有黄色提示。单击"管理您的许可证"→"许可证"→"添加新许可"，或者单击"菜单"→"系统管理"→"许可"→"许可证"，如图2-95所示。

（2）我们将准备好的vCenter和ESXi主机的许可证书添加上去，编辑许可证名称，如图2-96、图2-97所示。

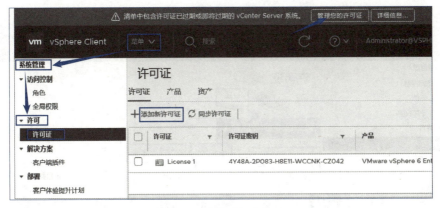

图 2-95　添加许可证 –1

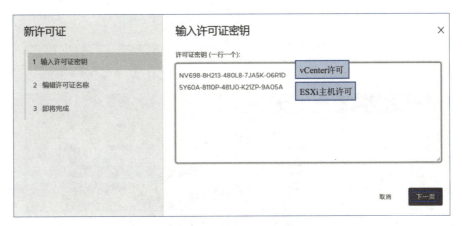

图 2-96　添加许可证 –2

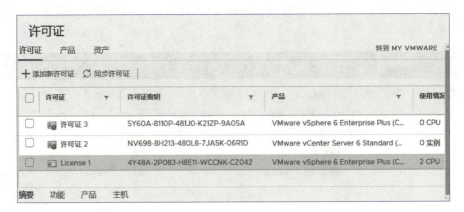

图 2-97　添加许可证 –3

（3）许可证添加成功之后，上边橙色区域仍有"清单中包含许可证已过期或即将过期的vCenter Server系统"的警告，原因是该许可证还没分配。单击"资产"→选择VCENTER SERVER系统→勾选vcsa.yunzhifeng.com实例→单击分配许可证→勾选要分配的许可证，单击确定，就成功的给vCenter分配了许可证，如图2-98、图2-99所示（ESXi主机许可证也可以同样进行分配）。

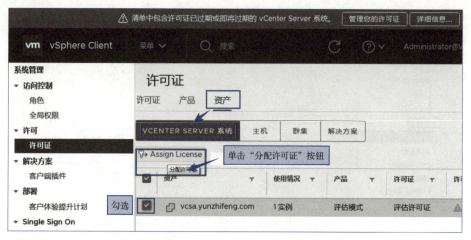

图 2-98　添加许可证 –4

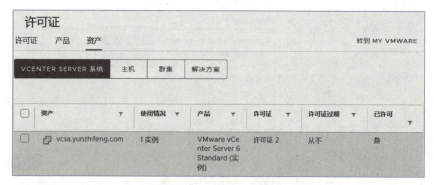

图 2-99　添加许可证 –5

（4）分配成功后，重新在浏览器登录https://vcsa.yunzhifeng.com后黄色警告消失，如图2-100所示。

图 2-100　添加许可证 –6

思考与实践

（1）登录vCenter Server，创建数据中心、创建群集，将2台ESXi主机添加到群集中。

（2）添加vCenter和ESXi试用版许可证序列号。

子任务 4　创建虚拟机

虚拟机在上文中已经介绍，此处不再过多讲解。其实我们在前边进行虚拟网络搭建时用到虚拟机进行测试，已经使用到了虚拟机。现在我们就详细介绍一下如何在vCenter中创建虚拟机。

（1）首先将创建虚拟机的镜像文件上传到可用的共享存储，比如本项目任务6中我们已经创建的iSCSI存储和NFS存储。在NFS存储中，我们已经上传了很多的镜像文件，如图2-101所示。

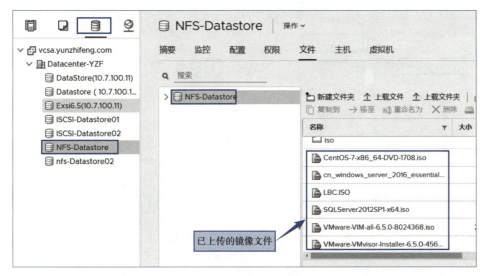

图 2-101　查看镜像文件

（2）如果存储中还没有镜像文件，我们可以上传文件。可以在其中一个共享存储中新建一个ISO文件夹。选中新建的ISO文件夹，单击上传图标，弹出窗口选择要上传的ISO文件，等待上传完成即可，如图2-102所示。

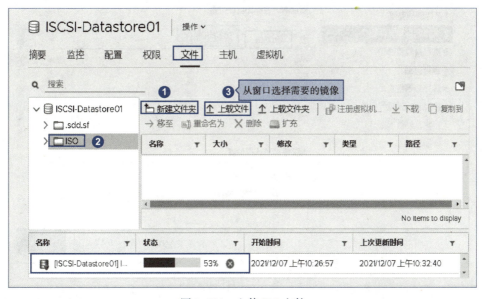

图 2-102　上传 ISO 文件

（3）在数据中心的群集上或主机上右击，选择"新建虚拟机"命令，也可以单击"操作"→"新建虚拟机"命令，如图2-103所示。

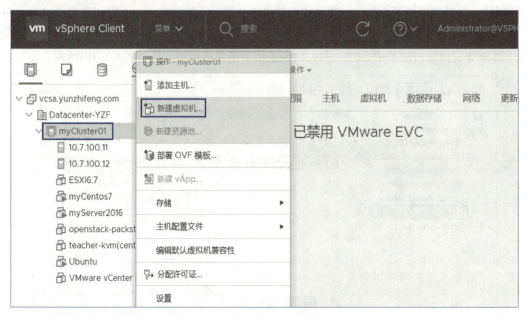

图 2-103　新建虚拟机

（4）在弹出窗口，选择"创建虚拟机"，单击NEXT按钮。填写虚拟机名称win7-01，单击NEXT按钮，如图2-104所示。

图 2-104　选择名称和文件夹

（5）选择其中一台主机为目标计算资源，如图2-105所示。

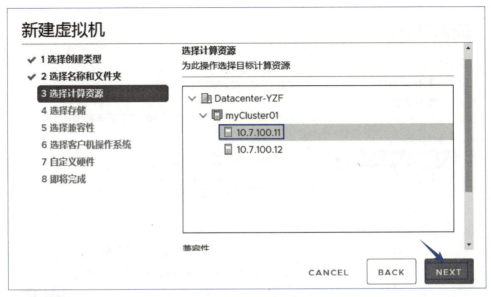

图 2-105　选择计算资源

（6）选择存储来安装虚拟机。此处我们选择一个共享存储，因为后边有虚拟机迁移和vMotion实验，需要共享存储，如图2-106所示。

图 2-106　选择存储

（7）根据镜像选择虚拟机的操作系统和系统版本，如图2-107所示。

图 2-107　选择客户机操作系统

（8）对虚拟机硬件资源进行设置，在"新的CD/DVD驱动器"处选择"数据存储 ISO 文件"选项，找到刚才上传的 ISO 文件中的镜像资源，如图2-108所示。

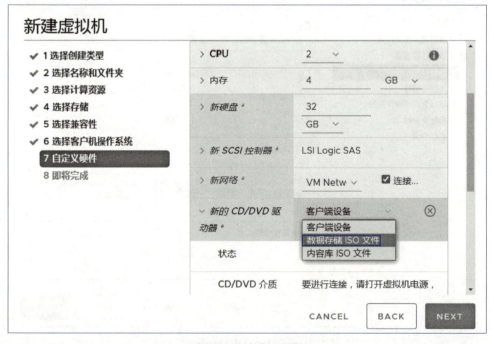

图 2-108　自定义硬件

（9）在ISO文件夹中找到Windows 7的镜像文件，单击OK按钮，如图2-109所示。

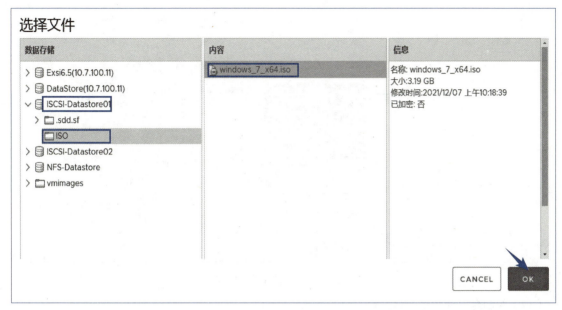

图 2-109　选择镜像文件

（10）按照提示，完成虚拟机创建。在左侧找到新创建的虚拟机，打开电源进入虚拟机的系统安装，如图2-110所示。

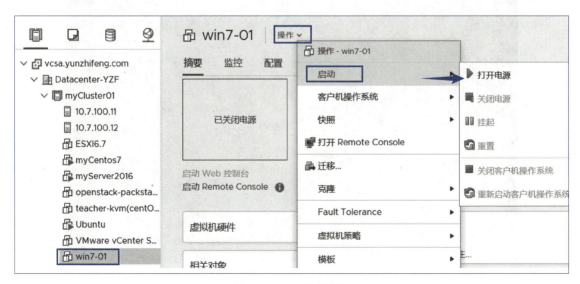

图 2-110　启动虚拟机

（11）可以单击虚拟机图标或单击启动Web控制台按钮打开虚拟控制台，对虚拟机进行安装操作，如图2-111所示。

图2-111　打开控制台

（12）控制台界面如图2-112所示。

图2-112　控制台界面

单元二　VMware vSphere 服务器虚拟化　71

●●●● 任务 5　vSphere 虚拟网络搭建 ●●●●

**任务描述**

网络的创建和管理是 VMware vSphere 中非常重要的一个环节。本任务中我们要学习创建 vSphere Distributed Switch 和 vSphere 标准交换机，并进行管理网络、vMotion 网络、iSCSI 存储网络、虚拟机生产等网络搭建和管理等。

视　频

vSphere 虚拟
网络搭建

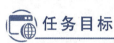**任务目标**

了解标准和分布式虚拟交换机的架构和作用。
理解标准端口组和上行链路端口组的作用。
掌握创建标准虚拟交换机和分布式交换机的方法。
掌握 VMotion 网络的创建和管理。
掌握创建 iSCSI 存储网络创建和管理。
掌握分别使用两种虚拟交换机创建虚拟机网络。

知识学习

一、vSphere 标准交换机

在 vSphere 部署中，vSphere 标准交换机在主机级别处理网络流量，其运行方式与物理以太网交换机十分相似。它检测与其虚拟端口进行逻辑连接的虚拟机，并使用该信息向正确的虚拟机转发流量。可使用物理以太网适配器（也称为上行链路适配器）将虚拟网络连接至物理网络，以将 vSphere 标准交换机连接到物理交换机。此类型的连接类似于将物理交换机连接在一起以创建较大型的网络。即使 vSphere 标准交换机的运行方式与物理交换机十分相似，但它不具备物理交换机所拥有的一些高级功能。

我们在标准交换机上将主机的物理网卡连接到上行链路端口，可以提供主机和虚拟机的网络连接。虚拟机具有在标准交换机上连接到端口组的网络适配器 (vNIC)。每个端口组可使用一个或多个物理网卡来处理其网络流量。如果某个端口组没有与其连接的物理网卡，则相同端口组上的虚拟机只能彼此进行通信，而无法与外部网络进行通信。图 2-113 为 vSphere 标准交换机架构图。

标准端口组

网络服务通过端口组连接到标准交换机，端口组定义通过交换机连接网络的方式。通常，单个标准交换机与一个或多个端口组关联。端口组为每个端口指定了诸如宽带限制和 VLAN 标记策略之类的端口配置选项。标准虚拟交换机上主要有 VMkernel 端口组和虚拟机端口组。标准交换机端口组如图 2-114 所示。

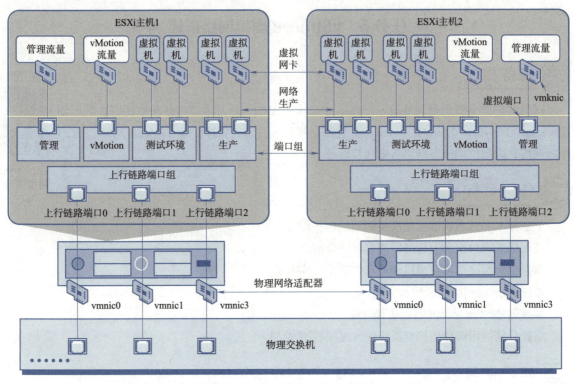

图 2-113　vSphere 标准交换机架构图

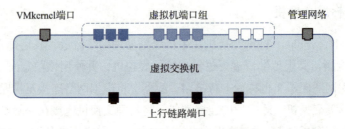

图 2-114　标准交换机端口组

（1）VMkernel端口向主机提供网络连接并接受 vMotion、IP 存储、Fault Tolerance 日志记录、vSAN 等服务的系统流量。还可以在源和目标 vSphere Replication 主机上创建 VMkernel 适配器，以隔离复制数据流量。

（2）虚拟机端口组是提供给虚拟机连接使用的端口组，为虚拟机提供连接和常用网络配置。

（3）上行链路端口跟ESXi主机的一个或多个物理适配器相连，可以将虚拟机的流量交互到外部网络。

二、分布式交换机

vSphere Distributed Switch 为与交换机关联的所有主机的网络连接配置提供集中化管理和监控。可以在vCenter Server系统上设置Distributed Switch，其设置将传播至与该交换机关联的所有主机。

vSphere 中的网络交换机由两个逻辑部分组成：数据面板和管理面板。数据平面可实现数据包交换、筛选和标记等。管理面板是用于配置数据面板功能的控制结构。而 vSphere 标准交换机同时包含数据面板和管理面板，可以单独配置和维护每个标准交换机。

vSphere Distributed Switch 的数据面板和管理面板相互分离。Distributed Switch 的管理功能驻留在 vCenter Server 系统上，我们可以在数据中心级别管理环境的网络配置。数据面板则保留在与 Distributed Switch 关联的每台主机本地。Distributed Switch 的数据面板部分称为主机代理交换机。在 vCenter Server（管理面板）上创建的网络配置将被自动向下推送至所有主机代理交换机（数据面板）。图 2-115 为 vSphere Distributed Switch 架构图。

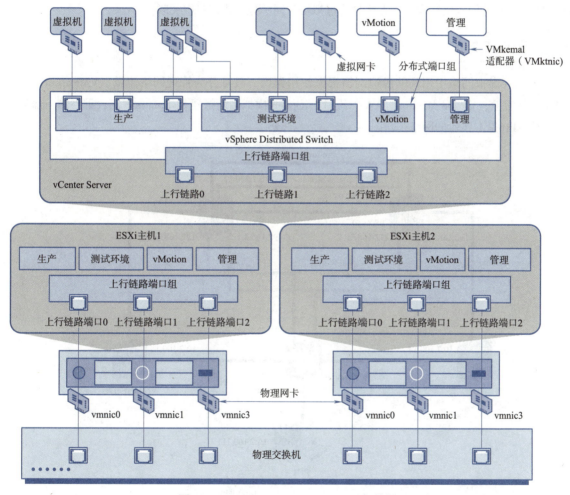

图 2-115　vSphere Distributed Switch 架构图

1. 上行链路端口组

上行链路端口组或 dvUplink 端口组在创建 Distributed Switch 期间进行定义，可以具有一个或多个上行链路。上行链路是可用于配置主机物理连接以及故障切换和负载均衡策略的模板。可以将主机的物理网卡映射到 Distributed Switch 上的上行链路。在主机级别，每个物理网卡将连接到特定 ID 的上行链路端口。可以对上行链路设置故障切换和负载均衡策略，这些策略将自动传播到主机代理交换机或数据面板。因此，可以为与 Distributed Switch 关联的所有主机的物理网卡应用一致的故障切换和负载均衡配置。

2. 分布式端口组

分布式端口组可向虚拟机提供网络连接并供 VMkernel 流量使用。使用对于当前数据中心唯一的网络标签来标识每个分布式端口组。我们可以在分布式端口组上配置网卡绑定、故障切换、负载均衡、VLAN、安全、流量调整和其他策略。连接到分布式端口组的虚拟端口具有为该分布式端口组配置的相同属性。与上行链路端口组一样，在 vCenter Server（管理面板）上为分布式端口组设置的配置将通过其主机代理交换机（数据面板）自动传播到 Distributed Switch 上的所有主机。因此配置一组虚拟机以共享相同的网络配置，方法是将虚拟机与同一分布式端口组关联。

任务实施

vSphere 虚拟网络中用到的虚拟网络根据使用类型一般可分为管理网络流量、VMkernel（用于 vMotion）流量、Virtual Machine（VM）流量。vSphere 虚拟网络搭建是 vSphere 中比较重要的一部分内容。图 2-116 是本实验的网络拓扑图。

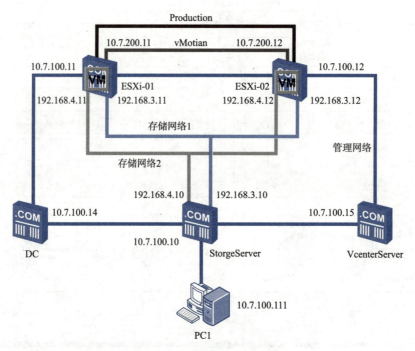

图 2-116　vSphere 实验网络拓扑图

子任务 1　使用标准交换机搭建 vMotion 网络

VMware vSphere vMotion 是零停机实时迁移功能，可将工作负载从一台服务器迁移到另一台服务器。此功能可跨 vSwitch、群集甚至云环境来运行在工作负载迁移期间，应用仍在运行，并且用户仍然有权访问他们需要的系统。我们要实现进 vMotion 功能，需要配置单独的 vMotion 网络。vMotion 网络可以使用标准虚拟交换机搭建，也可以使用分布式交换机搭建。我们在ESXi-01和ESXi-02两台主机上配置标准虚拟交换机搭建vMotion网络，用于vMotion功能的实现。

（1）在10.7.100.11主机上单击"配置"→"网络"→"VMkernel适配器"，选择"添加网络"，如图2-117所示。

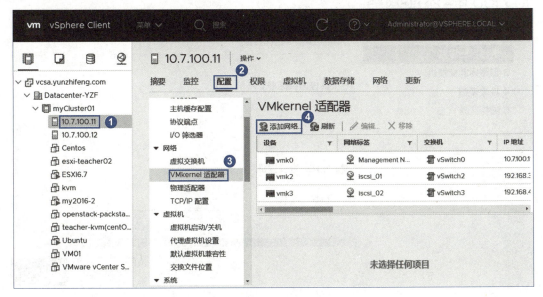

图 2-117　添加网络

（2）在"选择连接类型"选项卡中，选择"VMkernel网络适配器"单选按钮，单击NEXT按钮，如图2-118所示。

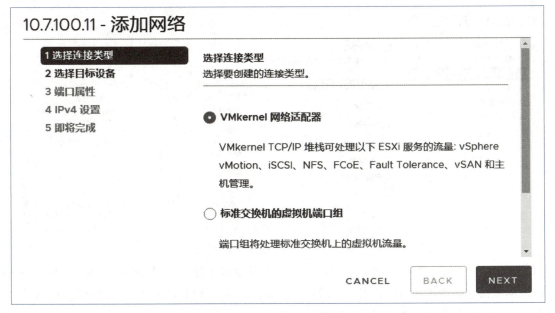

图 2-118　选择连接类型

（3）可以根据实验环境选择目标设备，此处选择"新建标准交换机"单选按钮后单击NEXT按钮，如图2-119所示。

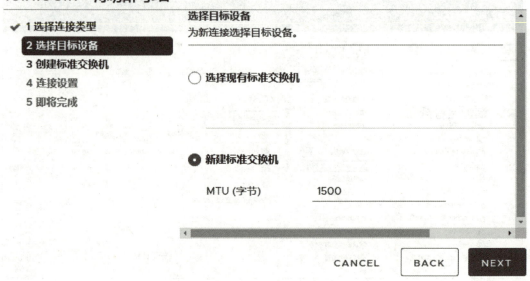

图2-119　选择目标设备

（4）单击"+"添加分配的物理适配器，选择空闲的物理适配器，查看网卡属性，单击"确定"按钮，如图2-120所示。

图2-120　分配的物理适配器

（5）设置"网络标签"为VMotion-NetWork，如需要VLAN进行网络隔离，则输入VLAN ID号，vMotion的数据为虚拟机的内存数据，且没有经过加密，所以该VLAN是不需要路由的VLAN，选择"vMotion"复选框，单击NEXT按钮，如图2-121所示。

图 2-121　设置端口属性

（6）选择"使用静态IPv4设置"单选按钮，IP地址处填入规划的IP地址，该地址只需ESXi主机之间通信，不需要和其他网络进行通信，如图2-122所示。

图 2-122　IPv4 设置

（7）在"即将完成"中显示创建的vMotion虚拟网络所在的vSwitch的信息，单击FINISH按钮后添加vMotion网络完成，结果如图2-123所示。

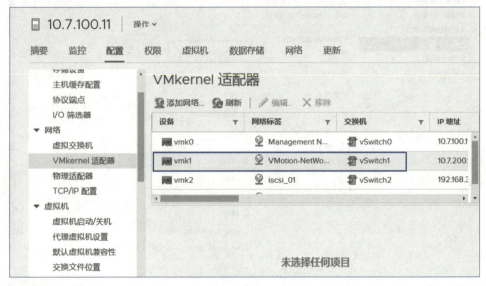

图 2-123　适配器添加完成

（8）同样在10.7.200.12主机上进行相同的操作。两台ESXi主机完成网络配置之后，进行vMotion网络的测通实验。在Xshell中远程登录10.7.200.12主机，远程连接后，运行ping命令对10.7.100.11主机进行测试，结果如图2-124所示。

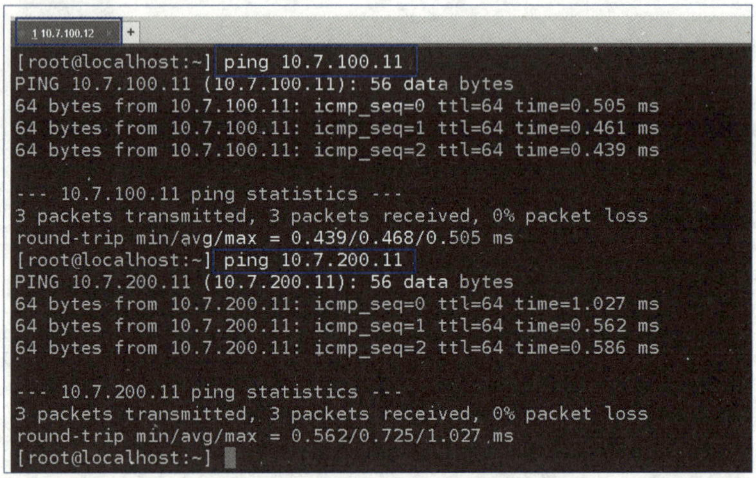

图 2-124　ping 通测试

结果表明我们在ESXi-01和ESXi-02之间搭建vMotion网络是畅通的，在后边的试验中我们会用到vMotion网络。

子任务2　使用标准交换机搭建虚拟机 Production 网络

正常情况下，我们创建虚拟机默认使用的网络名称应该是VM Network，分配的网段应该和ESXi

主机的管理网络是一个网段。在生产情况下，虚拟机群集可能需要其他网段对外协作提供服务。在上一个试验中，我们搭建了vMotion网络，因为物理的网络适配器的数量有限，我们将VMotion-NetWork端口所在的vSwitch1删掉，用来搭建虚拟机使用的Production网络。

（1）选择10.7.100.11主机，依次单击"配置"→"网络"→"虚拟交换机"，选择"添加网络"，如图2-125所示。

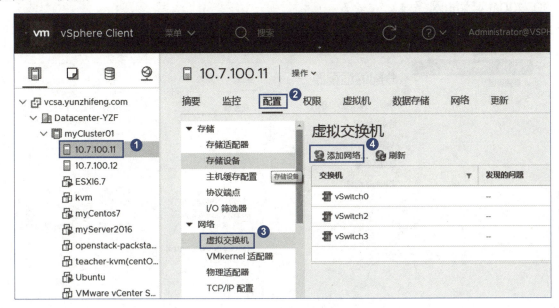

图 2-125　添加网络

（2）在"选择连接类型"选项卡中，选择"标准交换机的虚拟机端口组"单选按钮，单击NEXT按钮，如图2-126所示。

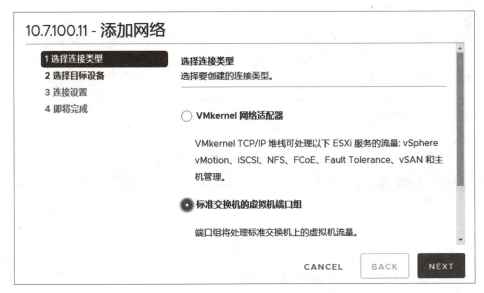

图 2-126　选择连接类型

（3）在"选择目标设备"页面，选择"创建标准交换机"后单击NEXT进入到"创建标准交换机"页面，单击"+"添加分配的物理适配器，选择空闲的物理适配器vmnic1，单击NEXT按钮，如图2-127所示。

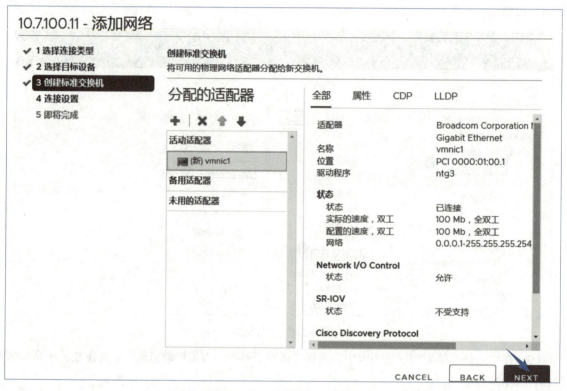

图 2-127　分配的物理适配器

（4）设置"网络标签"为Production-NetWork，此环境不需VLAN进行网络隔离，VLAN-ID下拉列表中选择"无"选项，单击NEXT按钮。在即将完成页面检查配置后，单击FINISH按钮完成创建，如图2-128所示。

图 2-128　虚拟机端口组名称

（5）单击新创建的vSwitch1，可以看见刚创建的Production-NetWork虚拟机端口组。可以单击"详细信息""编辑""移除"等对次端口组进行修改，如图2-129所示。

单元二 VMware vSphere 服务器虚拟化

图 2-129 添加完成

（6）至此，我们在ESXi-01主机上的Production-NetWork网络已经搭建完成，我们在ESXi-02进行同样的操作。接下来我们分别在ESXi-01和ESXi-02上创建一台虚拟机，切换成刚搭建的Production-NetWork网络，进行通信测试。

（7）在ESXi-01创建一台my Centos7虚拟机，设置IP地址为10.7.110.111，如图2-130所示。

图 2-130 编辑虚拟机

（8）单击下拉列表，单击"浏览"选项，选择网络适配器，如图2-131所示。

（9）将默认的VM Network，更换为刚搭建的Production-NetWork网络，单击"确定"按钮，如图2-132所示。

（10）在确认对虚拟机的修改编辑正确无误后，单击"确定"按钮，完成虚拟机网卡的修改，如图2-133所示。

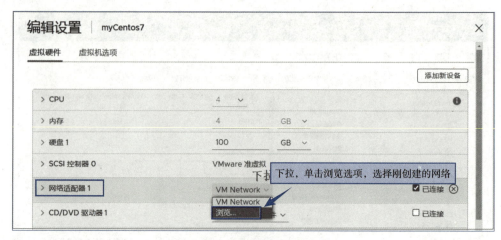

图 2-131　切换虚拟机网络 -1

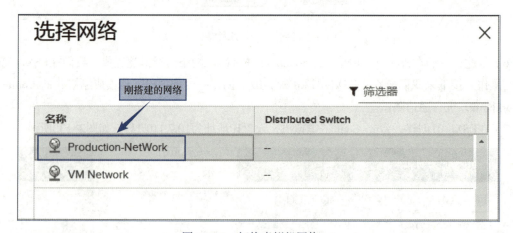

图 2-132　切换虚拟机网络 -2

图 2-133　切换虚拟机网络 -3

（11）设置myCentos7的IP地址为192.168.0.189，如图2-134所示。

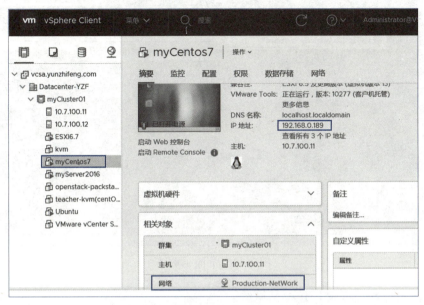

图 2-134　设置 Linux 虚拟机 IP 地址

（12）在ESXi-02主机上创建一台myServer2016，也进行同样操作，将虚拟机网络切换成Production-NetWork后，将IP地址设置为192.168.0.188，如图2-135所示。

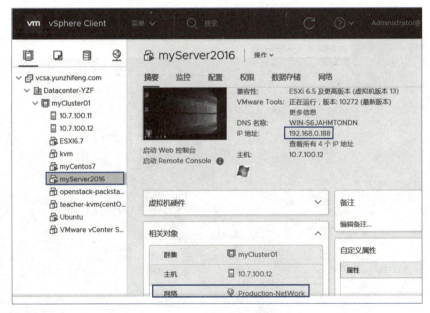

图 2-135　设置 Windows 虚拟机 IP 地址

（13）设置完成后，在ESXi-02上的myServer2016虚拟机上进行测试，如图2-136所示。
实验结果表明我们新搭建虚拟机网络Production-NetWork是成功的，能保证虚拟机之间的正常通信。

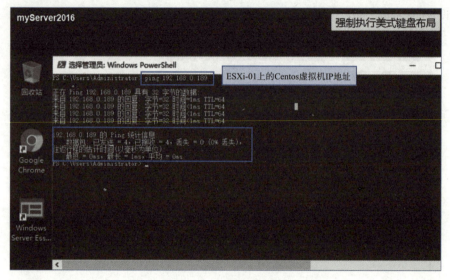

图 2-136　ping 通测试

子任务 3　使用标准交换机搭建存储网络

通常我们通过安装 OpenFiler 提供 iSCSI 存储服务。根据我们的实验拓扑图，本实验在一台物理 WinServer2016 服务器上搭建 iSCSI 存储服（iSCSI 存储服务连接实验在任务 5 中实现）。在此物理服务器上设置管理网络为 10.7.100.10，另外将两块物理适配器 IP 地址分别设置为 192.168.3.10 和 192.168.4.10，用来搭建双网络形成冗余。存储服务器网络规划如图 2-137 所示。

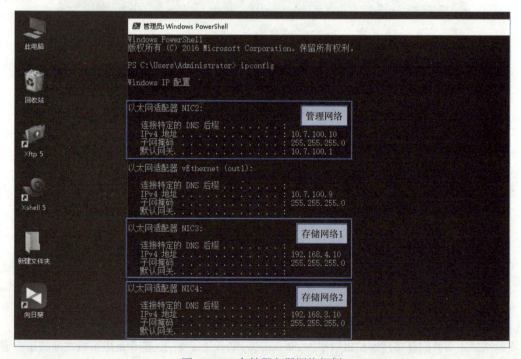

图 2-137　存储服务器网络规划

（1）关于在WinServer2016上安装配置iSCSI服务的过程就不在此详细的描述。我们安装好iSCSI服务后，单击"服务器管理器"，在左边单击"文件和存储服务"选项，如图2-138所示。

图 2-138　文件和存储服务

（2）单击iSCSI选项，可以看到已经新建了两块iSCSI虚拟磁盘，如图2-139所示。

图 2-139　iSCSI 虚拟磁盘

（3）下一步开始ESXi主机的iSCSI配置，每台ESXi主机由两块网卡连接至iSCSI存储服务器，形成冗余。首先添加iSCSI虚拟交换机，因为有两块网卡，所以对应分别添加两个iSCSI虚拟交换机。进入"配置"→"网络"配置界面，如图2-140所示，单击"添加网络"。

图 2-140　添加网络

（4）在"选择连接类型"选项卡中选择"VMkernel网络适配器"单选按钮，单击NEXT按钮，在出现的"选择目标设备"选项卡中选择"新建标准交换机"单选按钮后单击NEXT按钮，如图2-141所示。

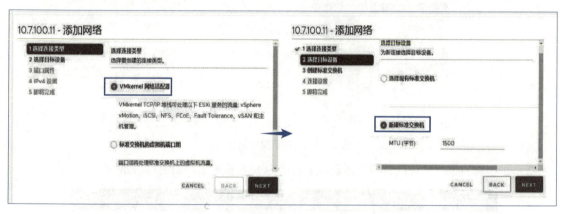

图 2-141　选择 VMkernel 网络适配器

（5）单击"+"添加分配的物理适配器vmnic2后，单击"确定"按钮，在"端口属性"选项填写网络标签，其他不用更改和选择，单击NEXT按钮，如图2-142所示。

图 2-142　端口属性

（6）进行IPv4设置，使用静态IPv4设置，按照规划好的IP地址填写，单击NEXT按钮，如图2-143所示。

图 2-143　IPv4 设置

（7）在"即将完成"中显示创建的Iscsi01-Network端口所在的vSwitch的信息，单击FINISH按钮后完成Iscsi01-Network网络的创建，如图2-144所示。

图 2-144　即将完成

(8) 使用同样的方法创建 Iscsi02-Network，完成后，看到刚才创建的两个虚拟交换机和 VMkernel 端口信息，如图 2-145 所示。

图 2-145 创建 Iscsi02-Network 完成

(9) 接下来进行 ESXi 和存储服务器的网络通信，使用 Xshell 远程连接到 ESXi-02 主机上。在 Xshell 中执行如下命令，执行情况如图 2-146 所示。

```
esxcli network ip interface ipv4 get
ping 10.7.100.10
ping 192.168.3.10
ping 192.168.4.10
```

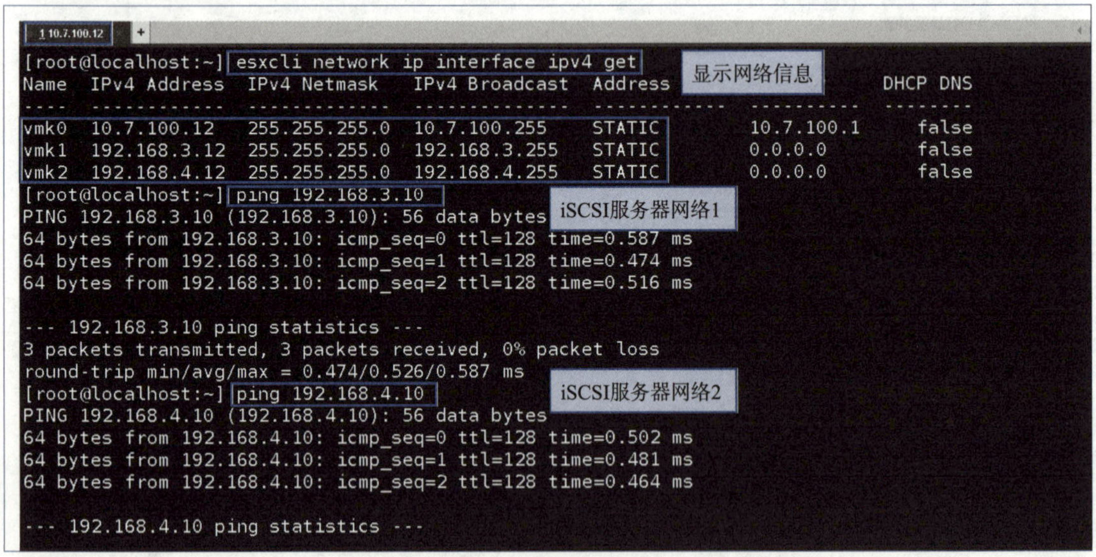

图 2-146 网络测试

通过测试我们发现配置的双存储网络是畅通的，在 ESXi-01 上也进行相同的测试。至此我们已经成功了创建ESXi主机的iSCSI存储网络，在后边我们给ESXi主机添加iSCSI存储时会用到此网络。

子任务4　使用分布式交换机搭建虚拟机网络

（1）在数据中心上右击，或者单击"操作"→Distributed Switch→新建Distributed Switch，如图2-147所示。

图2-147　新建分布式交换机

（2）设置分布式交换机名称，单击NEXT按钮，如图2-148所示。

图2-148　设置名称

(3)根据自己的环境选择版本,单击NEXT按钮,如图2-149所示。

图2-149 选择版本

(4)指定上行链路数和端口组名称,单击NEXT按钮(端口组也可以后期自行添加),如图2-150所示。

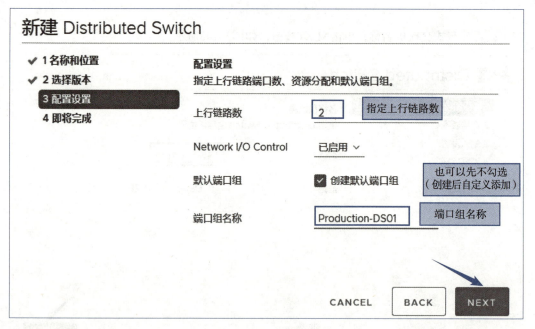

图2-150 配置设置

(5)在"即将完成"界面单击FINISH按钮,完成分布式交换机的创建,如图2-151、图2-152所示。

图 2-151　即将完成

图 2-152　分布式交换机创建完成

（6）在分布式交换机上右击选择"添加和管理主机"（或者单击"操作"→"添加和管理主机"），如图2-153所示。

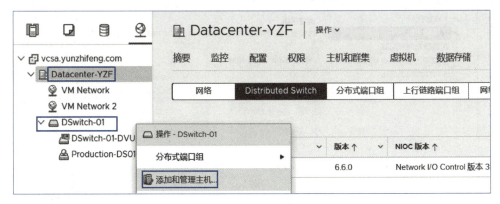

图 2-153　添加和管理主机

(7)选择"添加主机"单选按钮,单击NEXT按钮后,在新界面单击"+新主机"→NEXT,如图2-154所示。

图2-154　添加主机

(8)勾选要添加的主机,单击"确定"按钮,如图2-155所示。

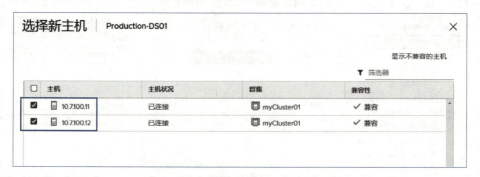

图2-155　选择新主机

(9)在新界面中,选择主机,单击NEXT按钮,如图2-156所示。

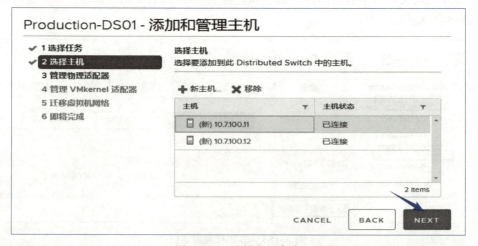

图2-156　选择主机完成

（10）在当前页面，给交换机上的每台主机网卡设置上行链路，选择空闲未使用的网络适配器。单击NEXT按钮进入下一步，如图2-157所示。

图 2-157　分配上行链路

（11）在设置上行链路时我们选择"自动分配"。因为我们群集中的ESXi主机硬件及配置都是一样的，可以选择"将此上行链路分配应用于其他主机"复选框，这样所有的主机都会自动进行同样的设置，如图2-158所示。

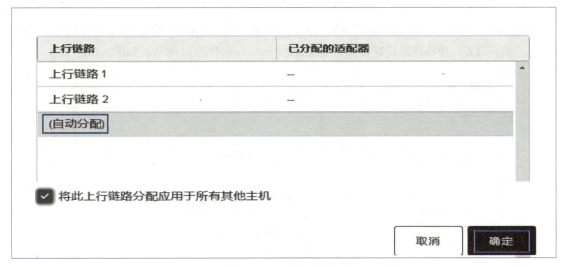

图 2-158　设置上行链路

（12）在即将完成界面，单击FINISH按钮完成主机添加，如图2-159所示。

（13）分布式交换机添加完成后，显示如图2-160所示。

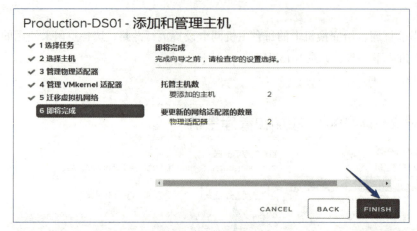

图 2-159　即将完成

图 2-160　分布式交换机添加完成

（14）至此，我们的分布式交换机网络已经搭建完成。接下来我们分别在ESXi-01和ESXi-02中的虚拟机"编辑设置"中将网络设置切换成刚搭建的Production-DSW01网络，如图2-161所示。

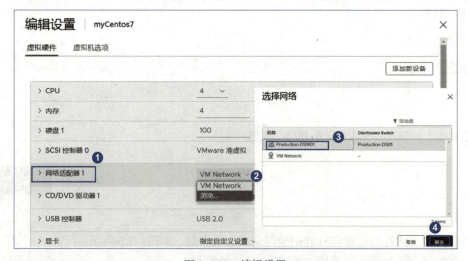

图 2-161　编辑设置

（15）将ESXi-01主机上的虚拟机myCentos7切换网络后，如图2-162所示。

图 2-162　切换网络后

（16）启动虚拟机，进行通信测试（操作步骤和使用标准交换机搭建Production网络中操作相同）。经测试网络畅通，结果如图2-163所示。

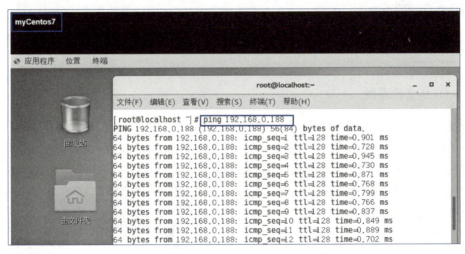

图 2-163　ping 通测试

思考与实践

（1）在数据中心两台ESXi主机上分别创建标准交换机，搭建vMotion网络并测试网络是否正常，为后边迁移虚拟机做准备。

（2）在数据中心两台ESXi主机分别上创建标准交换机，搭建存储网络并测试网络是否正常，为后边给主机添加iSCSI存储做准备。

（3）在数据中心两台ESXi主机上分别创建标准交换机和虚拟机，搭建虚拟机网络并测试两台虚拟机网络是否能正常通信。

（4）在数据中心创建分布式交换机1台；添加两台ESXi主机到分布式交换机；在两台ESXi主机上分别创建虚拟机各1台，切换虚拟机使用分布式交换机网络；测试两台虚拟机网络是否能正常通信。

●视频

vSphere存储配置

●●●● 任务6 vSphere 存储配置 ●●●●

任务描述

vSphere中可以使用多种存储类型。在本任务中，我们将了解存储的分类，完成ESXi主机添加本地存储、iSCSI存储、NFS存储等实践。

任务目标

- 了解VMFS文件系统。
- 了解存储的分类。
- 掌握本地存储的添加。
- 掌握iSCSI存储的添加。
- 掌握NFS存储的添加。

知识学习

一、VMFS 文件系统

VMware虚拟机的两种种数据存储形式：VMFS和NFS。

VMFS（VMware Virtual Machine File System）是一种高性能的群集文件系统，它使虚拟化技术的应用超出了单个系统的限制。该文件系统允许多个ESXi主机同时读写同一存储设备，如图2-164所示。群集文件系统支持一些基于虚拟化的独特服务，包括：

（1）无须停机即可在不同的ESXi主机之间迁移正在运行的虚拟机；

（2）在单独的ESXi主机中自动重新启动故障虚拟机；

（3）支持跨多台物理服务器创建虚拟机。

VMFS的设计、构建和优化针对虚拟服务器环境，可让多个虚拟机共同访问一个整合的群集式存储池，从而显著提高了资源利用率。VMFS 是跨越多个服务器实现虚拟化的基础，它可启用VMware

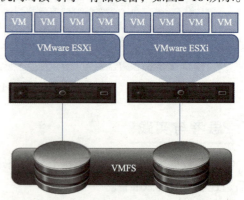

图2-164 VMFS 文件系统示意图

vMotionTM、Distributed Resource Scheduler和VMware High Availability 等各种服务。VMFS还能显著减

少管理开销，它提供了一种高效的虚拟化管理层，特别适合大型企业数据中心。采用VMFS可实现资源共享，使管理员轻松地从更高效率和存储利用率中直接获益。

二、存储分类

在传统存储环境中，ESXi 存储管理过程以存储管理员在不同存储系统上预先分配的存储空间开始。ESXi支持本地存储和联网存储。

1. 本地存储

本地存储可以是位于ESXi主机内部的内部硬盘，也可以包括位于主机之外并通过SAS或SATA等协议直接连接主机的外部存储系统。本地存储器不支持在多个主机之间共享，只有一个主机可以访问本地存储设备上的数据存储。因此，虽然可以使用本地存储器创建虚拟机，但却无法使用需要用到共享存储器的VMware 功能，如 HA 和 vMotion。

2. 联网存储

联网存储由ESXi主机用于远程存储虚拟机文件的外部存储系统组成。ESXi主机通过网络连接的外部存储和磁盘阵列，其中包括SAN、iSCSI、NFS等存储协议。通常，主机通过高速存储网络访问这些系统。图2-165显示了ESXi主机数据使用的存储类型和所用到的技术。

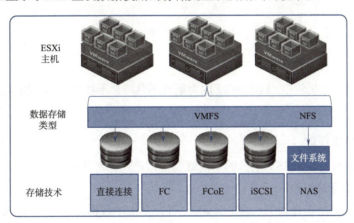

图 2-165　ESXi 主机数据存储类型和技术

1）光纤通道（FC）

在FC 存储区域网络（SAN）上远程存储虚拟机文件。FC SAN是一种将主机连接到高性能存储设备的专用高速网络。该网络使用光纤通道协议，将SCSI流量从虚拟机传输到FC SAN 设备。要连接到FC SAN，主机应该配有光纤通道总线适配器（HBA）。除非使用光纤通道直接连接存储器，否则需要光纤通道交换机来路由存储器流量。

主机通过光纤通道适配器连接SAN架构（包括光纤通道交换机及存储阵列）。此时，存储阵列的 LUN 变得对于主机可用，可以访问 LUN 并创建用于满足存储需求的数据存储。数据存储采用 VMFS 格式。

2）光纤以太网（FCoE）

主机配有 FCoE（以太网光纤通道）适配器，可以使用以太网网络连接到共享光纤通道设备。利用数据中心桥接功能提供基于以太网的无损存储协议，支持VMFS是一种介于FC和iSCSI之间的存储技术。如果主机包含FCoE适配器，则可以使用以太网网络连接到共享光纤通道设备。

3）Internet SCSI（iSCSI）

在远程iSCSI存储设备上存储虚拟机文件。iSCSI将SCSI存储流量打包在TCP/IP协议中，使其通过标准TCP/IP网络（而不是专用FC网络）传输。通过iSCSI连接，主机可以充当与位于远程iSCSI存储系统的目标进行通信的启动器。ESXi提供两种iSCSI连接类型。

（1）硬件iSCSI：主机通过能够卸载iSCSI和网络处理的第三方适配器连接到存储。硬件适配器可以是从属适配器，也可以是独立适配器。

（2）软件iSCSI：主机使用VMkernel中基于软件的iSCSI启动器连接到存储。通过这种iSCSI连接类型，主机只需要一个标准的网络适配器来进行网络连接。必须配置iSCSI启动器以使主机能够访问和显示iSCSI存储设备。

4）网络附加存储（NAS）

在通过标准TCP/IP网络访问的远程文件服务器上存储虚拟机文件。ESXi 中内置的 NFS 客户端使用网络文件系统（NFS）与NAS/NFS服务器进行通信。为了进行网络连接，主机需要一个标准的网络适配器。

可以直接在ESXi主机上挂载NFS存储。使用NFS数据存储来存储和管理虚拟机，这与使用VMFS数据存储的方式相同。在此配置中，主机连接到NAS服务器，此服务器通过常规网络适配器存储虚拟磁盘文件。

任务实施

在虚拟存储搭建这一模块中，FC和FCoE因为条件不具备，不在此进行实验。主要搭建本地存储、iSCSI存储、NFS存储。

子任务1 创建本地存储

因为实验环境中所有物理ESXi主机的本地磁盘空间已经全部添加完毕，本实验使用一台虚拟的ESXi6.7主机进行本地存储的添加。

（1）打开vCenter，单击左边的10.7.100.100主机，单击"数据存储"，可以看到当前主机只有一个本地存储datastore1，如图2-166所示。我们要添加一个新的本地数据存储。

图 2-166　给目标 ESXi 主机添加存储

（2）在主机上右击，选择"存储"→"新建数据存储"命令，如图2-167所示。

图 2-167　新建数据存储

（3）填写数据存储名称，选择磁盘/LUN，单击NEXT按钮，如图2-168所示（如果没有发现可用的选择磁盘/LUN，单击"存储"→"刷新"即可看到新添加的磁盘/LUN）。

图 2-168　名称和设备选择

（4）选择VMFS文件系统及版本，单击NEXT按钮，如图2-169所示。
（5）在分区配置位置，可以使用所有可用分区，也可以分配部分存储，单击NEXT按钮，如图2-170所示。在即将完成界面单击FINISH按钮，完成本地存储的添加。

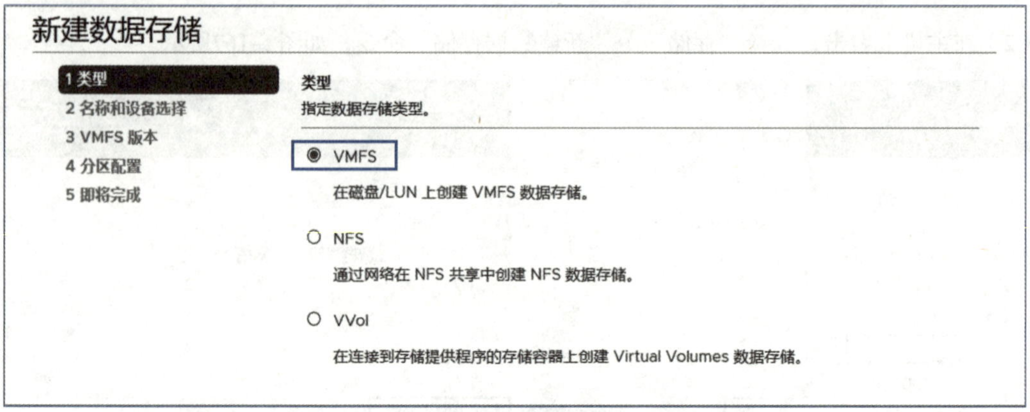

图 2-169　选择 VMFS 版本

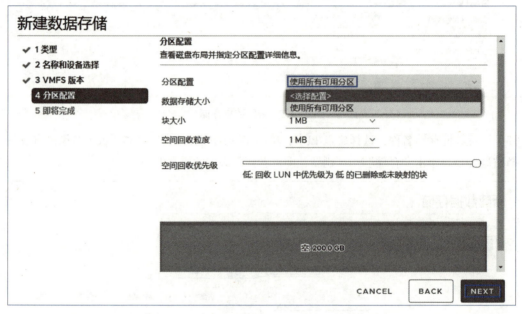

图 2-170　分区配置

（6）本地存储添加完成，可以看到新的本地存储Datastore2，如图2-171所示。

图 2-171　本地存储添加完成

子任务 2　创建 iSCSI 存储

通常我们通过安装 OpenFiler 提供 iSCSI 存储服务。在前面的任务 4 中我们已经搭建了 iSCSI 存储服务器和 ESXi 主机的 iSCSI 存储网络，接下来我们完成 iSCSI 存储的添加实验。

（1）在 vCenter 中选中一台主机（10.7.100.11），依次单击"配置"→"存储适配器"→"添加软件适配器"，如图 2-172 所示。

图 2-172　配置 iSCSI 存储适配器

（2）单击添加好后的 iSCSI 适配器，依次单击"动态发现"→"添加"，如图 2-173 所示。

图 2-173　动态发现和添加

（3）在弹出的页面填写存储服务器的 IP 地址（192.168.3.10，192.168.4.10），之后可以看到两个 iSCSI 地址，如图 2-174 所示。

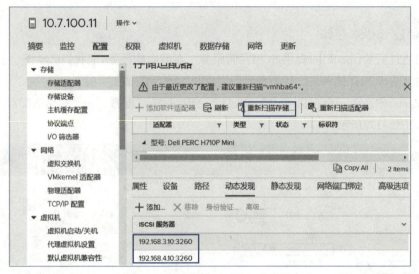

图 2-174　添加 iSCSI 存储服务器 IP 地址

（4）添加了存储服务器的IP地址后，提示"由于最近更改了配置，建议重新扫描vmhba64"。重新扫描存储后，在存储设备处能看到已经有2个LUN了，如图2-175所示。

图 2-175　查看识别的 LUN

（5）在主机上右击，选择"存储"→"新建数据存储"，如图2-176所示。

图 2-176　新建数据存储

单元二　VMware vSphere 服务器虚拟化　103

（6）选择数据存储的类型为"VMFS"→单击NEXT按钮后，填写创建存储的名称。选择1个磁盘/LUN，单击NEXT按钮，如图2-177所示。

图 2-177　选择对应的 LUN

（7）为数据存储指定VMFS版本，此处选择VMFS 6，单击NEXT按钮后如图2-178所示。

图 2-178　分区配置

（8）单击NEXT按钮，显示将要添加的iSCSI存储的信息，单击FINISH按钮完成创建，如图2-179所示。

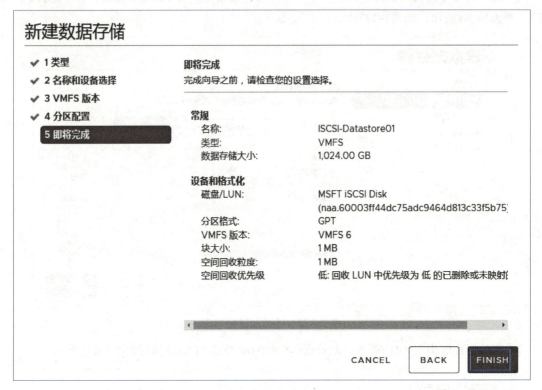

图 2-179 即将完成

(9) 添加完成的iSCSI存储,如图2-180所示。

图 2-180 iSCSI-Datastore01 添加完成

（10）为第二主机ESXi-02（10.7.100.12）添加软件适配器（步骤同主机ESXi-01），因为第一台主机已经添加了存储设备，第二台主机能识别到已经添加的存储设备。在主机上右击，选择"存储"（或者单击"设置"→"存储"）→"重新扫描存储"，可以在主机的数据存储中看到添加的iSCSI-Datastore01数据存储，如图2-181所示。

图 2-181　iSCSI-DataStore02 添加完成

子任务 3　创建 NFS 存储

（1）我们已经在远程的服务器上创建了NFS存储服务（搭建NFS存储过程略），如图2-182所示。接下来我们完成NFS存储的添加实验。

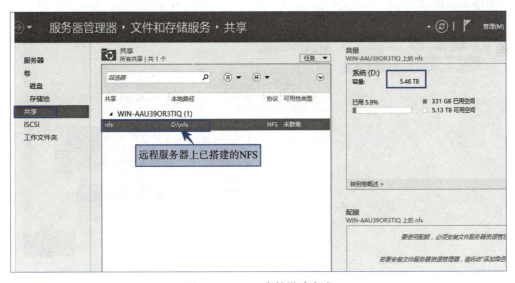

图 2-182　NFS 存储搭建完成

（2）在主机上右击，选择"存储"→"创建数据存储"，选择数据存储类型为NFS，单击NEXT按钮，如图2-183所示。

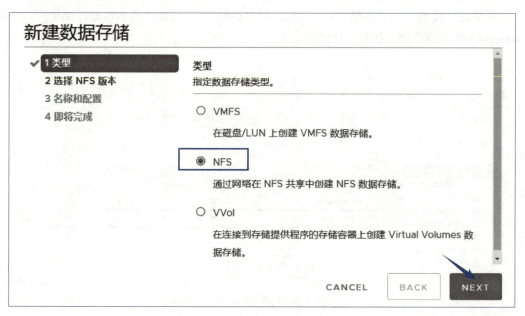

图 2-183　选择存储类型

（3）选择NFS3版本，单击NEXT按钮，然后填写NFS存储信息后，单击NEXT按钮，如图2-184所示。

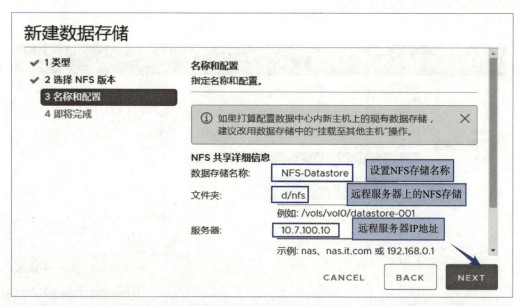

图 2-184　名称和配置

（4）在即将完成页面单击FINISH按钮，可查看在ESXi-01主机上添加的NFS存储，如图2-185所示。

（5）我们用同样的方式给其他主机添加NFS存储（此处省略）。

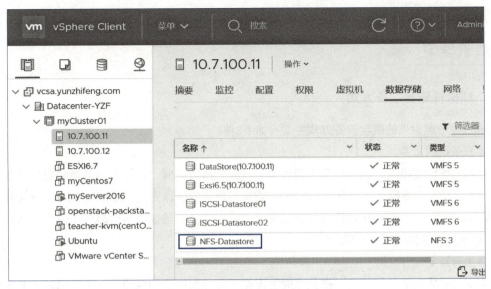

图 2-185　查看已添加的 NFS 存储

思考与实践

（1）什么是VMFS？VMFS有什么优点？
（2）VMware虚拟机的数据存储形式主要有哪几种？
（3）联网存储通常有哪四种？它们各自有哪些特点？
（4）请实现给一台ESXi主机添加一个本地存储。
（5）请实现给两台ESXi主机添加一个共享的iSCSI存储。
（6）请实现给两台ESXi主机添加一个共享的NFS存储。

●●●● 任务 7　vSphere 虚拟机配置和管理 ●●●●

任务描述

我们在前边的任务中已经创建数据中心和群集了，在群集中可以创建管理更多的虚拟机。在本任务中，我们将对常用虚拟机技术进行学习，如创建虚拟机、编辑虚拟机、虚拟机模板技术、虚拟机的迁移等。

视　频

vSphere虚拟机配置和管理

任务目标

- 掌握虚拟机的创建。
- 掌握虚拟机的编辑（修改配置）。
- 掌握虚拟机的克隆、快照、各种模板技术。
- 理解vMotion的概念。

- 掌握虚拟机的迁移。

 知识学习

一、虚拟机磁盘置备方式

在vSphere中虚拟机的磁盘置备方式主要有如下3种。

1. 厚置备延迟置零

这是默认的创建格式，创建过程中为虚拟磁盘分配所需空间。创建时不会擦除物理设备上保留的任何数据，没有置零操作，当有I/O操作时，需要等待清零操作完成后才能完成I/O。分配好空间后（其他人不能使用了），执行写操作时才会按需要将其置零。创建虚拟机时较快（因为不用对磁盘格式化），后续对虚拟机I/O有一定影响。

2. 厚置备置零

创建支持群集功能的厚磁盘。在创建时为虚拟磁盘分配所需的空间。并将物理设备上保留的数据置零。创建这种格式的磁盘所需的时间可能会比创建其他类型的磁盘长。

3. 精简置备

精简配置就是无论磁盘分配多大，实际占用存储大小是现在使用的大小，即用多少算多少。当客户机有输入输出的时候，VMkernel首先分配需要的空间并进行清零操作，也就是说如果使用精简配置在有I/O的时候需要等待分配空间和清零，这两个步骤完成后才能进行操作。对于I/O较频繁的应用这样性能会有所下降，虽然节省了存储空间。

二、OVF 模板

OVF（Open Virtualization Format）协议就是用于发布和部署虚拟器件的开放标准。它是一种开放、安全、可迁移、有效、跨平台以及可扩展的格式，以用于封装和分发将在虚拟机上运行的软件。OVF是由VMware发起的，但由于其开放性和重要性，愈来愈多厂商开始支持此协议，其至VMware的竞争对手Xen、思杰，以及虚拟化的开创者IBM也参与了协议的制定。

OVF模板是一种开放、共用、安全的虚拟机压缩格式，可用来虚拟平台之间的交换虚拟设置，它极大地方便了虚拟机跨平台的操作，无论是VMware vSphere、XenServer还是hyper-v，都可以通过OVF模板来互相转移平台。OVF 模板会将虚拟机或 vApp 的状况捕获到一个独立的软件包中。磁盘文件以压缩、稀疏格式存储，它一般由几个部分组成，分别是描述文件（OVF文件）、清单文件（mf文件）、认证文件（cert文件）、磁盘镜像文件等，如图2-186所示。

图 2-186　OVF 文件

三、虚拟机的迁移

1. 什么是虚拟机的迁移

虚拟机的迁移是指虚拟机从一个计算资源或存储位置移至另一计算资源（主机或群集）或存储位置。例如，可使用 vSphere vMotion 将已打开电源的虚拟机从主机上移开，以便执行维护、平衡负载、并置相互通信的虚拟机、将多个虚拟机分离以最大限度地减少故障域、迁移到新服务器硬件等。虚拟机的迁移分冷迁移和热迁移。

（1）冷迁移：将已关闭电源或挂起的虚拟机移至新主机。选择将已关闭电源或已挂起虚拟机的配置文件和磁盘文件重定位到新的存储位置，还可以使用冷迁移将虚拟机从一个虚拟交换机移至另一个虚拟交换机，从一个数据中心移至另一个数据中心。可以手动执行冷迁移，或者设置调度的任务。

（2）热迁移：将已打开电源的虚拟机移至新主机。还可以将虚拟机磁盘或文件夹移至不同的数据存储。热迁移也称为实时迁移或vMotion。通过vMotion，迁移虚拟机不会造成其可用性的任何中断。

2. 虚拟机迁移类型

虚拟机有3种迁移类型。

（1）仅更改计算资源：将虚拟机（而不是其存储）移至其他计算资源，如主机、群集、资源池或 vApp。可使用冷迁移或热迁移将虚拟机移至另一计算资源。如果要更改已打开电源的虚拟机的计算资源，可以使用 vMotion。

（2）仅更改存储：将虚拟机及其存储（包括虚拟磁盘、配置文件或其组合）移至同一主机上的新数据存储。可以使用冷迁移或热迁移更改虚拟机的数据存储。如果要将已打开电源的虚拟机及其存储移至新数据存储，可以使用 Storage vMotion。

（3）更改计算资源和存储：将虚拟机移至另一主机，同时将其磁盘或虚拟机文件夹移至另一数据存储。可使用冷迁移或热迁移同时更改主机和数据存储。

3. vMotion迁移类型、阶段及前提条件

使用 vMotion，可以更改正在运行虚拟机的计算资源，还可以更改虚拟机的计算资源和存储。vMotion是vSphere高级功能的基础，DRS、HA、FT等功能都依赖于vMotion。

1）vMotion的迁移类型

（1）通过 vMotion 迁移虚拟机并选择仅更改主机时，虚拟机的完整状态将移动到新主机。关联虚拟磁盘仍然处于必须在两个主机之间共享的存储上的同一位置。

（2）选择同时更改主机和数据库时，虚拟机的状态将移动到新主机，虚拟磁盘将移动到其他数据存储。在没有共享存储的vSphere环境中，可以通过vMotion迁移到其他主机和数据存储。

（3）选择同时更改计算资源和存储时，可以使用vMotion在vCenter Server实例、数据中心以及子网之间迁移虚拟机。

2）vMotion 迁移的3个阶段

（1）当请求通过vMotion 迁移时，vCenter Server将验证现有虚拟机与其当前主机是否处于稳定状况。

（2）此时，虚拟机状况信息（内存、寄存器和网络连接）将复制到目标主机。

（3）虚拟机在新主机上恢复其活动。

如果迁移期间出错，虚拟机将恢复其原始状况和位置。

3）vMotion通常需满足的前提条件

vMotion迁移虚拟机，虚拟机必须满足特定网络、磁盘、CPU、USB及其他设备的要求。

（1）迁移的虚拟机必须存放在外部共享存储，并且所有ESXi主机均可访问。

（2）服务器必须具有相同的硬件配置，尤其是CPU必须是一样的品牌型号（CPU不一样，很多高级功能可能无法落实或速度很慢）。

（3）如没有采用分布式交换机，所有EXSi中的vSwitch必须具有一样的名称：port group。

（4）虚拟机必须安装VMware Tools。

（5）如果虚拟机使用目标主机或客户端主机上无法访问的设备所支持的虚拟设备，则不能使用"通过vMotion迁移"功能来迁移该虚拟机。例如，不能使用由源主机上物理CD驱动器支持的CD驱动器迁移虚拟机。迁移虚拟机之前，要断开这些设备的连接。

更多关于vMotion的前提条件，可根据设备、版本参考官方文档确定。

子任务1　将虚拟机克隆为模板、从模板创建虚拟机

创建虚拟机后，可以将其克隆为模板。模板是虚拟机的主副本，可用于创建随时可用的虚拟机。可对模板进行更改（例如在客户机操作系统中安装附加软件），而保留原始虚拟机。模板创建后无法进行修改。要更改现有模板，必须先将其转换为虚拟机，进行需要的更改，再将虚拟机转换回模板。

（1）选择虚拟机，右击选择"克隆"→"克隆为模板"启动向导，如图2-187所示。

图2-187　克隆为模板

（2）在"选择名称和文件夹"页面上，输入模板的名称，然后选择要将该模板部署到的数据中心或文件夹，如图2-188所示。

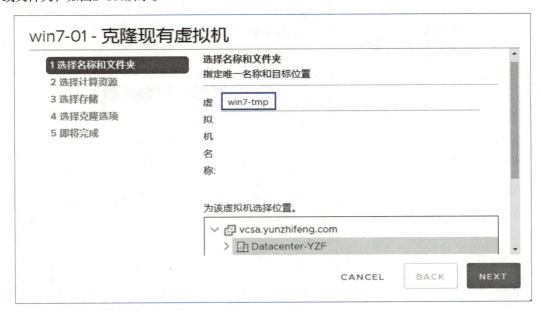

图 2-188　输入模板名称

（3）在"选择计算资源"页面上，选择模板的主机或群集资源，如图2-189所示。

图 2-189　选择计算资源

（4）在"选择存储"页面上，选择要存储模板配置文件和所有虚拟磁盘的数据存储或数据存储群集，单击NEXT按钮，如图2-190所示。

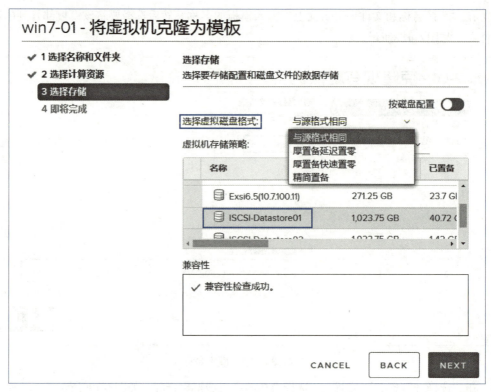

图 2-190　选择存储

（5）在"即将完成"页面上，检查模板设置，然后单击FINISH按钮，如图2-191所示。

图 2-191　即将完成

单元二　VMware vSphere 服务器虚拟化　113

（6）克隆任务的进度将显示在"近期任务"窗格中。当任务完成时，模板将显示在清单中，如图2-192所示。

图 2-192　克隆任务完成

（7）在创建完成虚拟机模板后，接下来我们使用模板部署虚拟机。启动从模板部署向导，可以从模板新建虚拟机、将模板转化为虚拟机、将模板克隆为模板、克隆到库。我们在这里仅演示从模板新建虚拟机，如图2-193所示。

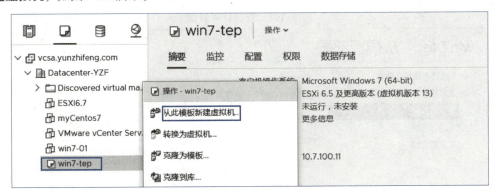

图 2-193　新建虚拟机

（8）输入虚拟机的唯一名称并选择部署位置，如图2-194所示。
（9）选择虚拟机将在其上运行的主机、群集、资源池或 vApp，然后单击NEXT按钮，如图2-195所示。
（10）在"选择存储"页面上，选择要将虚拟机配置文件和所有虚拟磁盘存储到的数据存储或数据存储群集，也可以下拉选择虚拟磁盘的格式，然后单击NEXT按钮，如图2-196所示。

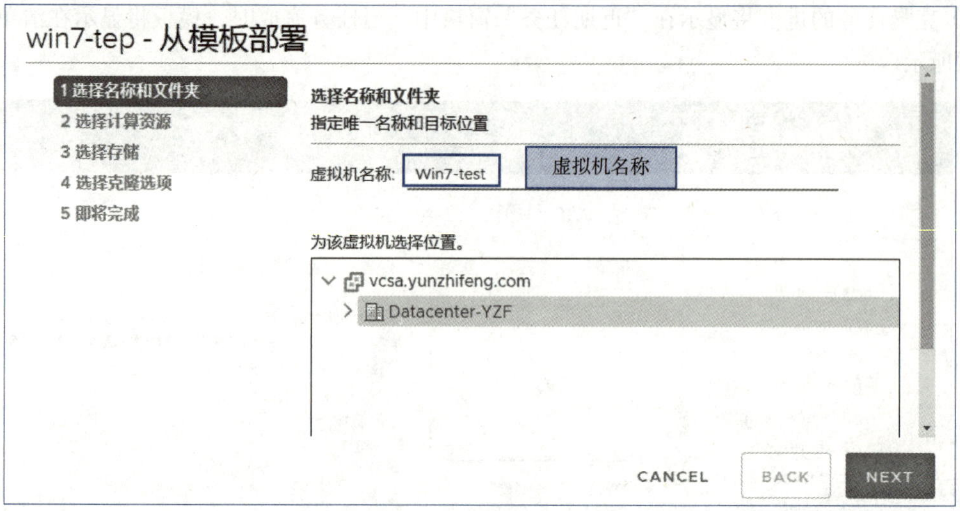

图 2-194　选择名称和文件夹

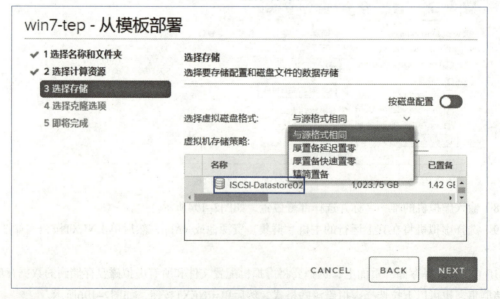

图 2-195　选择计算资源

图 2-196　选择存储

（11）在"选择克隆选项"页面上，可以默认下一步，也可以选择自定义客户机操作系统或虚拟机硬件，还可以选择在创建后打开虚拟机电源。本试验中选择"自定义操作系统"。自定义客户机操作系统可防止在部署具有相同设置的虚拟机时出现冲突，如计算机名称重复。如图2-197所示。

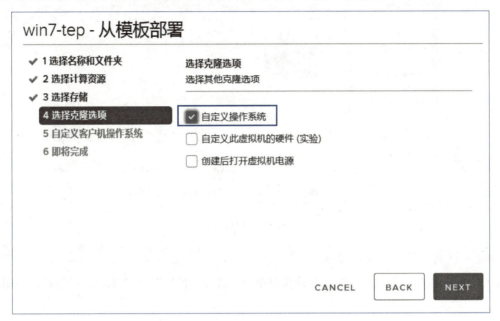

图 2-197　选择克隆选项

（12）我们在群集中已经定义了一个Role-win7的规则，所以此处显示出来，选中规则，单击NEXT按钮，如图2-198所示。

图 2-198　选择定义好的规则

（13）在"即将完成"页面上，检查信息并单击FINISH按钮，等待虚拟机创建完成，就可以在列表中查看正在创建的虚拟机了，如图2-199所示。

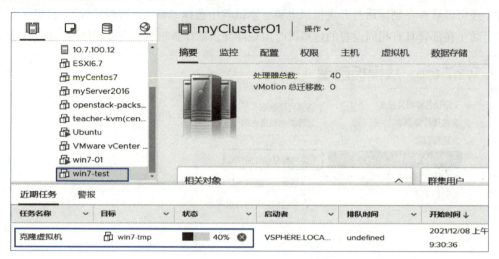

图 2-199　查看虚拟机

子任务2　导出、部署 OVF 模板

（1）导航到虚拟机或 vApp，然后从操作菜单中，选择"模板"→"导出OVF模板"，如图2-200所示。

图 2-200　导出 OVF 模板

（2）在"名称"字段中，输入模板名称。在"注释"字段中输入描述，如果要将其他信息或配置包括在导出的模板中可选择"启动高级选项"复选框（高级设置包括有关其他应用程序所使用的 BIOS、UUID、MAC 地址、引导顺序、PCI 插槽数量和配置设置的信息）。信息填写内容如图2-201所示。

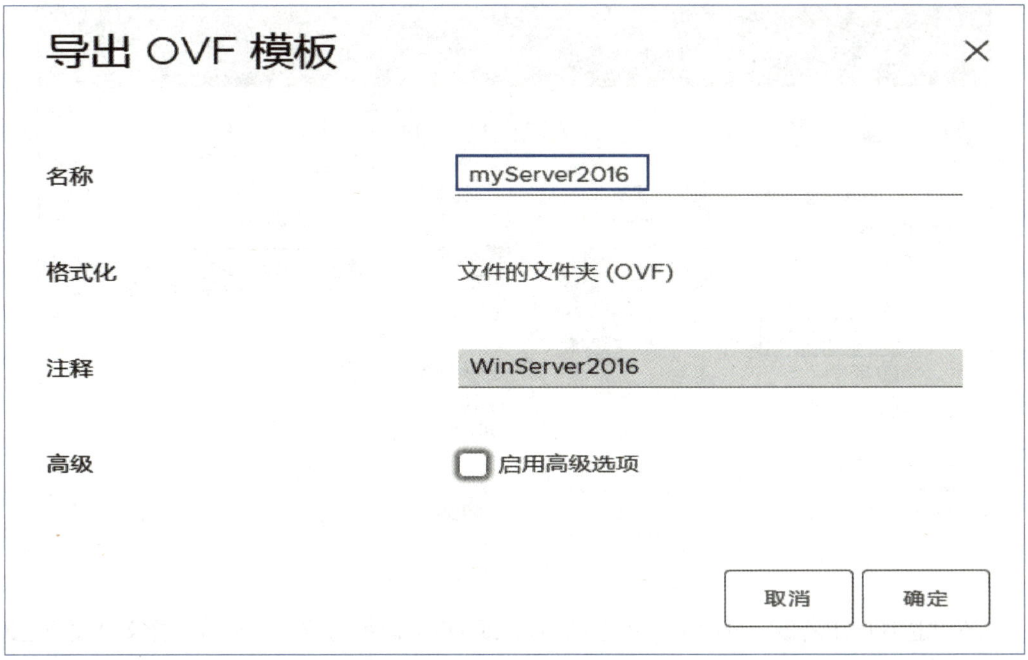

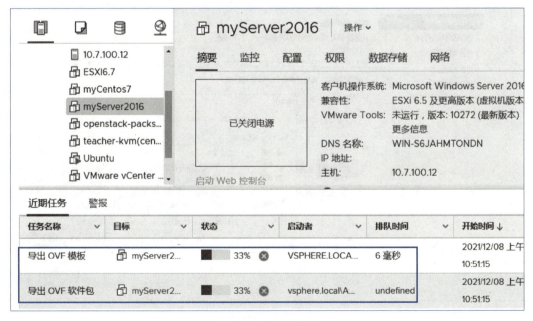

图 2-201　模板信息填写

（3）单击"确定"按钮，然后根据提示导出与模板关联的每个文件，如图2-202所示。

图 2-202　导出模板

（4）导出OVF模板后，我们用OVF模板再部署虚拟机。右击属于虚拟机的有效父对象的任何清单对象，例如数据中心、文件夹、群集、资源池或主机，然后选择"部署OVF模板"，如图2-203所示。

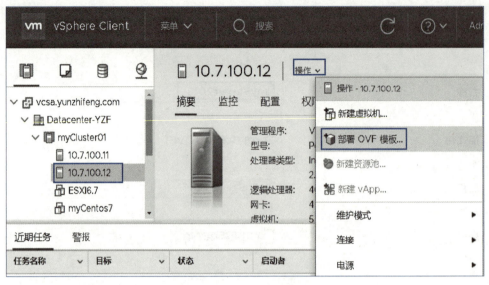

图 2-203　部署 OVF 模板

（5）在"选择OVF模板"页面上，指定源 OVF 或 OVA 模板的位置（浏览选择文件要将这3个文件同时选中），然后单击NEXT按钮，如图2-204所示。

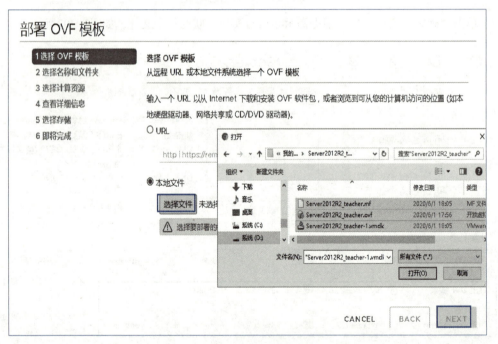

图 2-204　选择文件

（6）在"选择名称和文件夹"页面上，输入虚拟机或 vApp 的唯一名称，并选择部署位置，然后单击NEXT按钮（图片略）。

（7）在"选择计算资源"页面上，选择要运行已部署的虚拟机模板的资源，然后单击NEXT按钮。在"查看详细信息"页面上,验证OVF或OVA模板详细信息并单击NEXT按钮(图片略)。

(8)在"选择存储"页面上,定义在哪里以及如何存储已部署的OVF或OVA模板的文件,如图2-205所示。

图 2-205　选择存储

(9)选择网络页面默认下一步,在即将完成页面单击FINISH按钮后开始部署,如图2-206所示。

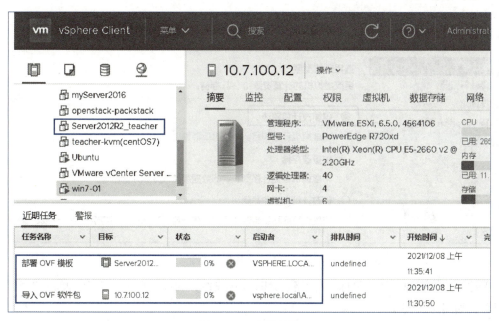

图 2-206　开始部署

子任务4　虚拟机迁移

在前边任务5和任务6中我们已经搭建好了vMotion的专用网络和共享存储（iSCSI、NFS存储等）。鉴于篇幅有限，此任务中我们只进行仅更改计算资源的vMotion迁移操作。

（1）选中要迁移存储的虚拟机并右击，选择"迁移"命令，如图2-207所示。

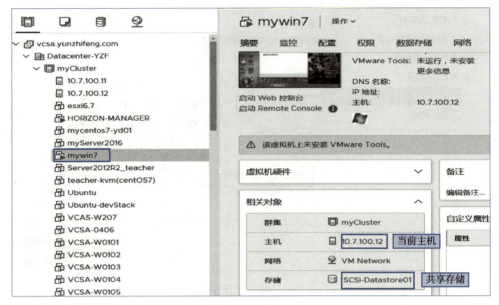

图2-207　迁移虚拟机

（2）选择迁移类型，本实验选择"仅更改计算资源"单选按钮，如图2-208所示。

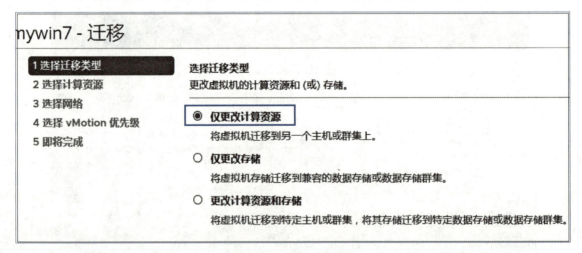

图2-208　选择迁移类型

（3）选择计算资源（迁移目标）、网络、vMotion优先级，验证信息是否正确，单击"完成"按钮开始迁移，如图2-210所示。

图 2-209 验证信息

（4）等待迁移完成即可，迁移过程如图2-210所示。

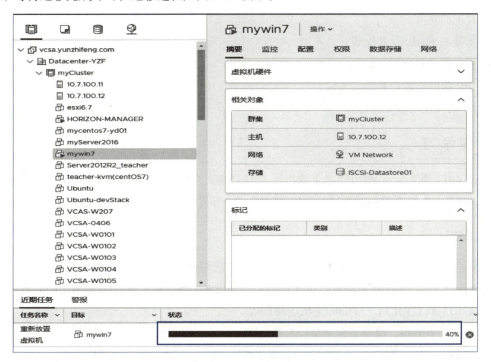

图 2-210 迁移过程

思考与实践

（1）在数据中心中添加2台ESXi主机，分别连接2个共享存储（iSCSI或者NFS存储）。

（2）在数据中心中创建2台虚拟机，安装VMware Tools。

（3）将其中1台虚拟机关机，编辑虚拟机设置，调整CPU、内存、虚拟磁盘的大小，添加一个硬盘和虚拟网卡。

（4）将虚拟机克隆为一个模板，使用新创建的虚拟机模板部署新的虚拟机。

（5）将另1台虚拟机导出OVF模板，利用OVF模板文件部署一台新的虚拟机。

（6）在群集中创建1台虚拟机，存储使用共享存储。利用任务5中搭建好的vMotion网络完成虚拟机在两台ESXi主机的vMotion迁移、Storage-vMotion迁移。

视频

vSphere群集DRS和HA应用

任务 8 vSphere 群集 DRS 和 HA 应用

任务描述

任务4中我们完成了数据中心和群集的搭建，在本任务中，我们将继续深入学习群集技术的高级特性DRS、HA的配置，通过实践验证DRS、HA的性能。

任务目标

了解EVC的功能。

掌握群集技术DRS及其配置。

掌握群集技术HA及其配置。

掌握DRS功能的验证方法。

掌握HA高可用的验证方法。

知识学习

在任务4中，我们已经初步创建了数据中心和群集。在创建myCluster01时我们没有勾选DRS和vSphereHA选项。本任务我们对群集技术DRS和HA进一步学习和实践。

一、EVC

EVC概念：EVC是 Enhanced vMotion Compatibility 的简称，是VMware群集功能的一个参数。EVC允许在不同代 CPU 之间迁移虚拟机，主要目的是保证CPU的兼容性。vSphere群集中EVC模式有三种：禁用、为AMD主机启用EVC、为intel主机启用EVC。

（1）禁用：不启用，使得各种类型CPU都使用vMotion，但功能和速度不保证。

（2）为AMD主机启用EVC：只有AMD系列才能加入群集。选择具体到CPU的型号。

（3）为intel主机启用EVC：只有intel系列才能加入群集。选择具体到CPU的型号。

因为我们的实验环境中主机的CPU型号是相同的，所以不需要考虑EVC问题，设置成禁用模式。

二、vSphere DRS

1. vSphere DRS介绍

DRS（Distributed Resource Scheduler）即"分布式资源调度"。vSphere DRS 可不间断地平衡资源池内的计算容量，在虚拟机启动的时候，决定虚拟机部署在哪个群集节点上运行。DRS根据反映业务需要和不断变化的优先级的预定义规则不断对群集负载进行评估，做出迁移建议，使用vMotion自动迁移虚拟机，创建更均衡的群集工作负载。

DRS可以使资源优先用于最重要的应用程序，以便让资源与业务目标协调，自动、不间断地优化硬件利用率，以响应不断变化的情况。在自动模式下，DRS将确定在不同的物理服务器之间分发虚拟机的最佳方式，并自动将虚拟机迁移到最合适的物理服务器上。在手动模式下，VMware DRS将提供一个把虚拟机放到最佳位置的建议，并将该建议提供给系统管理员，由其决定是否进行更改。

VMware DRS允许用户自己定义规则和方案来决定虚拟机共享资源的方式，以及它们之间优先权的判断根据。当一台虚拟机的工作负载增加时，VMware DRS会根据先前定义好的分配规则对虚拟机的优先权进行评估。如果该虚拟机通过了评估，那么DRS就为它分配额外的资源，当主机资源不足的时候，DRS就会寻找群集中有多余可用资源的主机，并将这个虚拟机vMotion放到上面，以调用更多的资源进行其重负载业务。

2. vSphere DRS运行机制（主要功能）

1）负载平衡群集中的ESXi服务器

VMware DRS将持续监控群集内所有主机，监控虚拟机的 CPU、内存资源的分布情况和使用情况。在给出群集内资源池和虚拟机的属性、当前需求以及不平衡目标的情况下，DRS 会将这些衡量指标与理想状态下的资源利用率进行比较。然后，它会相应地执行虚拟机迁移。DRS此项功能需要和vMotion结合使用（必须共享存储）。DRS分配资源的方式主要有以下两种。

（1）将虚拟机迁移到另外一台具有更多合适资源的服务器上。

（2）将该服务器上其他的虚拟机迁移出去，为该主机腾出更多的"空间"。

2）电源管理

DPM（Distributed Power Management）即"分布式"电源管理。该功能启用后，DRS 会将群集级别和主机级别容量与群集的虚拟机需求（包括近期历史需求）进行比较。如果找到足够的额外容量，DPM会将主机置于（或建议置于）待机电源模式；或者如果需要容量，则建议打开主机电源，根据提出的主机电源状况建议，可能需要将虚拟机迁移到另外一台具有更多合适资源的服务器上，或者将该服务器上其他的虚拟机迁移出去。

3. vSphere DRS机制主要设置项

在配置DRS群集时，主要有以下配置项。

1）自动化

DRS自动化级别：手动级别DRS会为虚拟机生成打开电源放置建议和迁移建议，需要手动应用或忽略建议；半自动级别，打开虚拟机电源时，DRS会自动将虚拟机置于主机上，但需要手动应用或忽略迁移建议。全自动：打开虚拟机电源时，DRS会自动将虚拟机置于主机上，且虚拟机将自动从一个主机迁移到其他主机以优化资源利用率。

迁移阈值：DRS可以在主机工作负载不平衡时提供建议。

虚拟机自动化：如果启用此选项，可以为各个虚拟机自定义自动化级别（手动、半自动、全自动），以替代集群的默认自动化级别。如果虚拟机已设置为已禁用，则vCenter Server将不会迁移该虚拟机或为其提供迁移建议。

2）其他选项

虚拟机分布：为了确保可用性，请在各个主机之间更加均匀地分配虚拟机的数量。

负载平衡的内存衡量指标：根据虚拟机消耗的内存而非活动内存进行负载平衡。

3）DPM 功能(Distributed Power Management)

DRS 群集可以根据群集资源利用率来打开和关闭主机电源，从而减少其功耗。vSphere DPM 监控内存和 CPU 资源的群集中所有虚拟机的累积需求，并将其与群集中所有主机的总可用资源量进行比较。如果找到足够的额外容量，则vSphere DPM 会将一台或多台主机置于待机模式，并将其虚拟机迁移到其他主机，然后关闭其电源。相反，当认为容量不够时，DRS 会使这些主机退出待机模式（将它们打开电源），并使用vMotion将虚拟机迁移到这些主机上。

4）DRS关联性

设置使用主机DRS组：通过使用此主机DRS组，可以创建虚拟机与主机间的关联性规则，从而与适当的虚拟机DRS组建立关联性（或反关联性）关系。

设置使用规则：控制群集内主机上的虚拟机的放置位置。可以创建两种类型的规则。一种是用于指定虚拟机组和主机组之间的关联性或反关联性。关联性规则规定，所选虚拟机DRS组的成员可以或必须在特定的主机DRS组成员上运行。反关联性规则规定，所选虚拟机DRS组的成员不能在特定的主机DRS组成员上运行。另一种是用于指定各个虚拟机之间的关联性或反关联性。指定关联性的规则会使DRS尝试将指定的虚拟机一起保留在同一台主机上。

三、vSphere HA

vSphere HA群集允许 ESXi 主机集合作为一个组协同工作，这些主机为虚拟机提供的可用性级别比 ESXi 主机单独提供的级别要高。当规划新 vSphere HA 群集的创建和使用时，选择的选项会影响群集对主机或虚拟机故障的响应方式。

1. vSphere HA 的工作方式

vSphere HA 可以将虚拟机及其所驻留的主机集中在群集内，从而为虚拟机提供高可用性。群集中的主机均会受到监控，如果发生故障，故障主机上的虚拟机将在备用主机上重新启动。

在设置HA之前，要确保每台ESXi主机都有管理网络冗余，并且vSphere HA检测信号数据存储数目为1，少数要求数目为2。确认所有虚拟机及其配置文件都驻留在共享存储器上。确认主机配置为具有该共享存储器的访问权限，以便可以使用群集中的不同主机打开虚拟机电源。

创建vSphere HA群集时，会自动选择一台主机作为首选主机。首选主机可与vCenter Server进行通信，并监控所有受保护的虚拟机以及从属主机的状态。首选主机必须检测并相应地处理故障，必须可以区分故障主机与处于网络分区中或已与网络隔离的主机。首选主机使用网络和数据存储检测信号来确定故障的类型。

2. vSphere HA的设置

故障和响应：提供主机故障响应、主机隔离、虚拟机监控和虚拟机组件保护的设置。

准入控制：为 vSphere HA 群集启用或禁用准入控制，并选择有关其执行方式的策略。

检测信号数据存储：为 vSphere HA 用于数据存储检测信号的数据存储指定首选项。

高级选项：通过设置高级选项来自定义 vSphere HA 行为。

子任务1　vSphere DRS 设置

（1）在群集上右击，选择"设置"（或者单击"配置"菜单）→DRS，如图2-211所示。

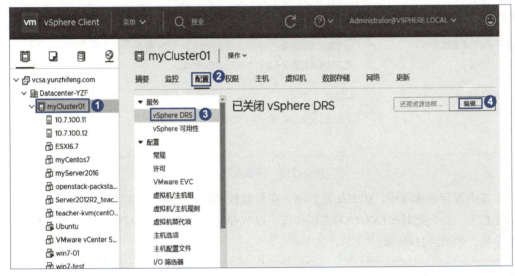

图 2-211　编辑 DRS

（2）单击开启DRS功能，自动化级别有"手动""半自动""全自动"三种模式，此处选择"全自动"，如图2-212所示。

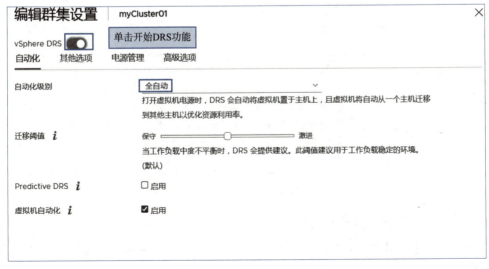

图 2-212　自动化级别选择

（3）在"其他选项"中选择"为了不确保可用性，请在各个主机之间更加均匀地分配虚拟机的数量"复选框，如图2-213所示。

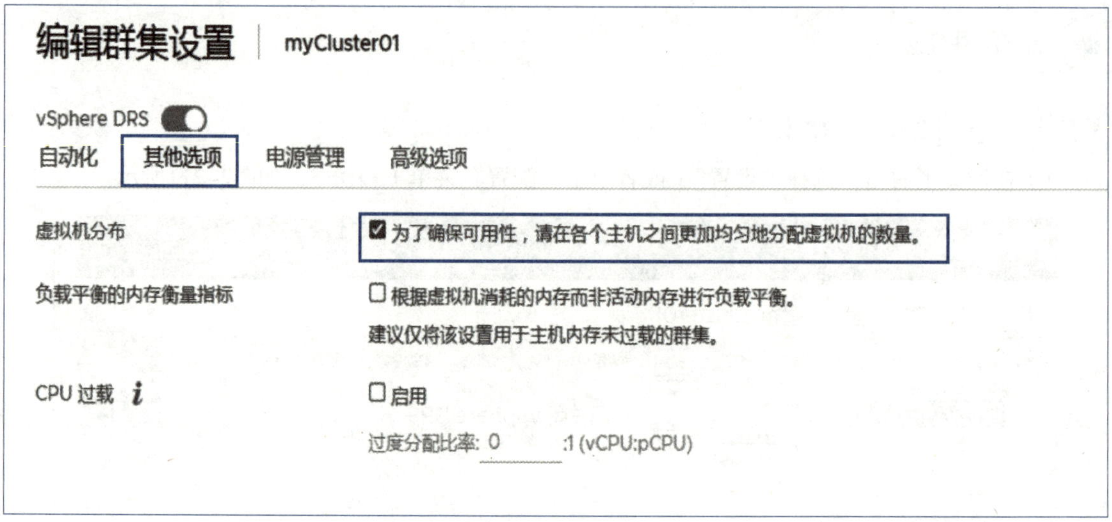

图2-213 其他选项设置

（4）在电源管理选项中，DPM如果启用，在负载较轻时，把虚拟机动态"集中"到Cluster中的少部分主机上，然后把其他ESX/ESXi主机待机，以节省电力消耗；等负载较大时，再重新唤醒之前待机的主机，如图2-214所示。

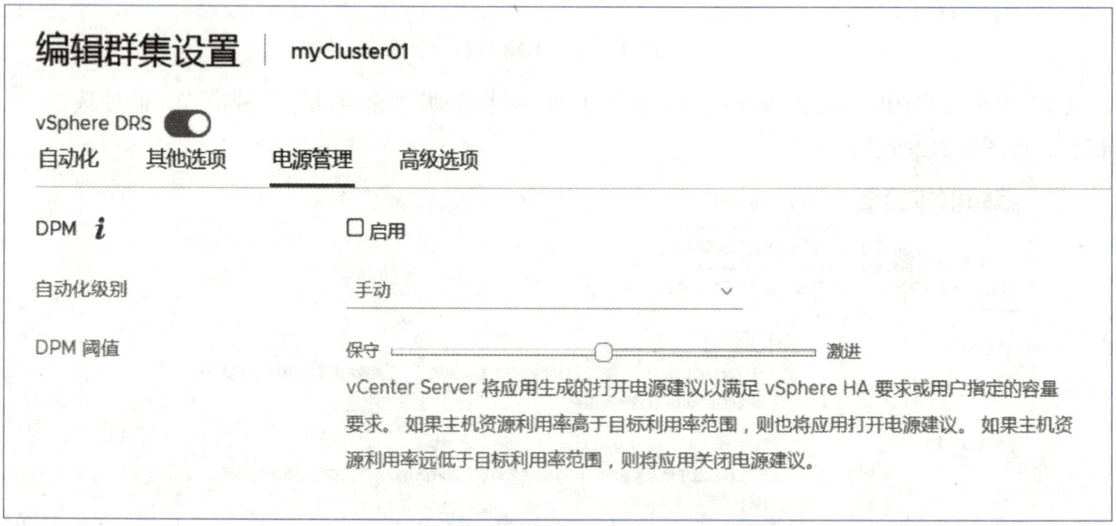

图2-214 电源管理

子任务2　vSphere HA 设置

（1）在群集上右击选择"设置"（或者单击"配置"）→"vSphere可用性"→"编辑"，如图2-215所示。

图 2-215 编辑 HA

（2）选择打开 vSphere HA，在"故障和响应"面板启用主机监控按钮。启用主机监控后，群集中的主机可以交换网络检测信号，vSphere HA 可以在检测到故障时采取措施。主机监控是 vSphere Fault Tolerance 恢复进程正常运行所必需的，其他按照图 2-216 设置。

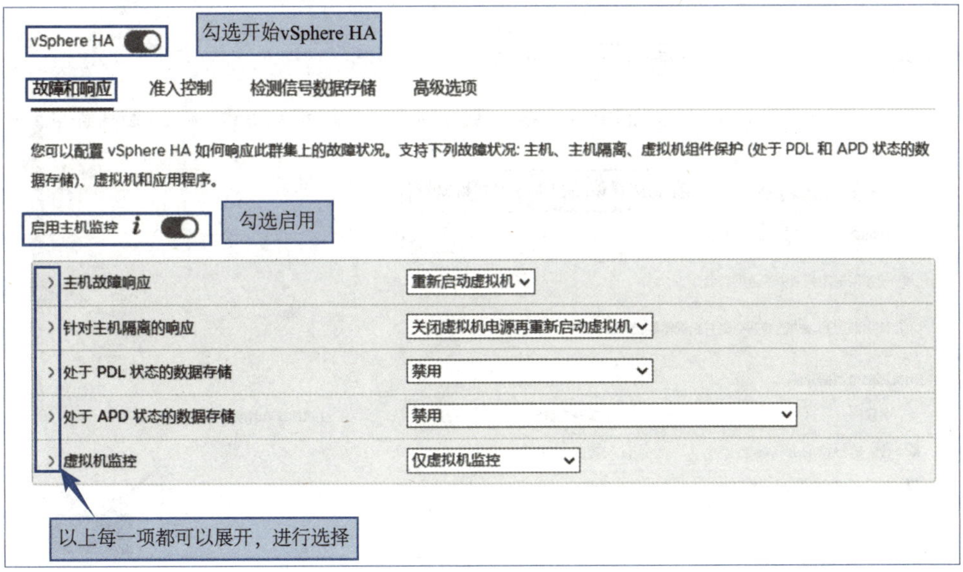

图 2-216 故障和响应设置

(3)单击"准入控制"面板,并选择有关其执行方式的策略设置,如图2-217所示。

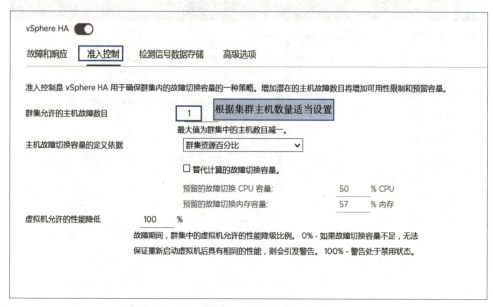

图 2-217　准入控制设置

(4)在"检测信号数据存储"面板进行设置,最后单击"确定"按钮,如图2-218所示。

图 2-218　检测信号数据存储设置

（5）选择启用 Proactive HA，自动化级别设置"自动"，启用 Proactive HA 可主动迁移提供程序通知出现运行状况降级的主机上的虚拟机。启用 vSphere DRS 后此页面才能编辑，如图 2-219 所示。

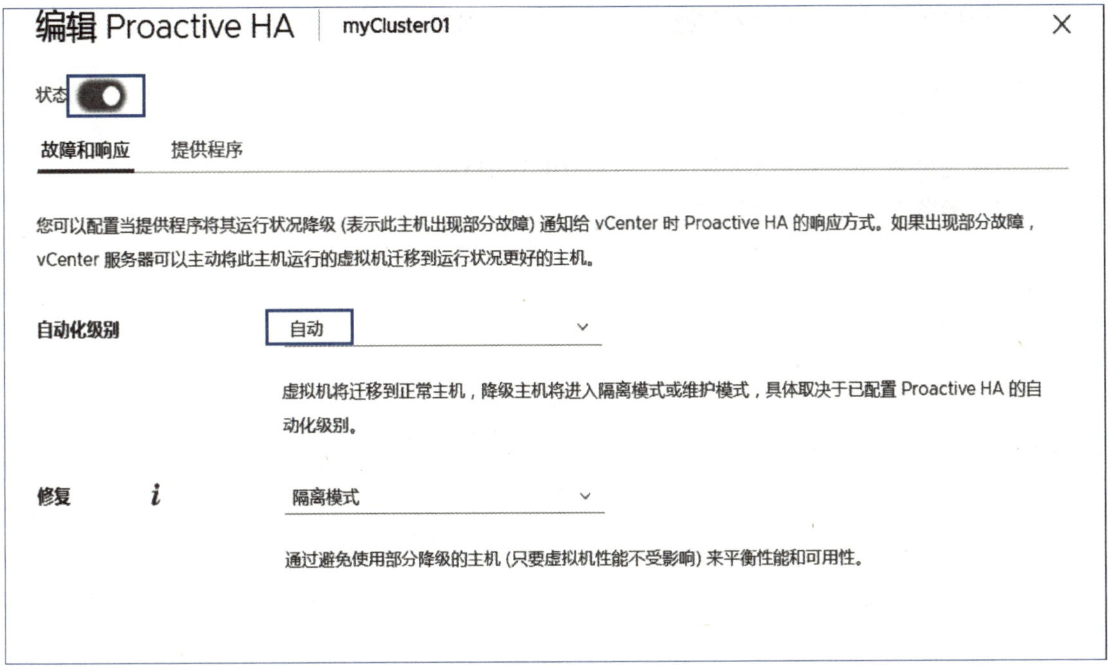

图 2-219　Proactive HA 设置

子任务 3　DRS 和 HA 实验

（1）鉴于篇幅，群集中DRS和HA功能的验证不再进行步骤演示。我们可按以下思路自己完成DRS功能的验证。

① 先关掉群集DRS功能。

② 在群集的主机ESXi-01和ESXi-02配置vMotion网络和共享存储。

③ 为实现实验效果，清空主机ESXi-02所有的虚拟机，在主机ESXi-01上，连续创建多台使用共享存储的虚拟机来增加资源的消耗（或者让虚拟机运行消耗CPU和内存的软件模拟资源的消耗）。

④ 开启并配置群集DRS功能，设置自动化级别会自动，迁移阈值调大。

⑤ 观察是否有虚拟机从主机ESXi-01迁移到另一台主机ESXi-02。

⑥ 如果发生虚拟机的主机迁移，DRS功能得到验证（也可以在群集中新建虚拟机，观察虚拟机最终是否在资源消耗低的主机上创建来验证DRS功能）。

（2）关于HA功能的验证可按以下思路进行验证。

① 在群集的主机ESXi-01和ESXi-02配置vMotion网络和共享存储。

② 为了不影响实验效果，DRS功能设级别为手动，防止实验过程中触发DRS而引起虚拟机迁移。

③ 开启并配置群集的HA功能。
④ 首先我们在群集的主机ESXi-01上，创建虚拟机1和虚拟机2。
⑤ 将主机ESXi-01进行强行关闭电源，模仿事故的发生，促使HA功能自动激活。
⑥ 验证主机ESXi-02上是否会启动虚拟机1和虚拟机2。
⑦ 如果虚拟机在主机ESXi-02成功启动并正常工作，HA功能从而得到验证。

思考与实践

（1）什么是群集的DRS和HA功能？配置群集DRS和HA功能。
（2）如实验条件具备，尝试验证以上功能。

单元三
KVM 虚拟化技术应用

项目一　KVM 环境配置及安装

项目导入

小张对 VMware vSphere 进行了系统的学习后，公司的虚拟化平台搭建也已经顺利地实施完成。在项目实施过程中，小张所学的知识得到了实践，对 vSphere 虚拟化技术的应用有了更加深刻的理解。虽然商业版的 vSphere 有非常多的优点，但是价格较高。了解到近年来 KVM 发展迅速，而且 KVM 是 GPL 的自由开源软件，是当前最主流的开源的服务器虚拟化技术。从技术架构、社区活跃度，以及应用广泛度来看，KVM 显现出明显优势，已逐渐替换另一开源虚拟化技术 Xen。在公有云领域，2017 年之后 AWS、阿里云、华为云等厂商都逐渐从 Xen 转向 KVM，而 Google、腾讯云、百度云等也使用 KVM。为了在云计算方向有更高层次的提升，小张决定学习 KVM 虚拟化技术。

学习目标

- 了解 KVM 和及体系架构。
- 了解 KVM 功能和管理工具。
- 掌握 KVM 环境配置和安装。

视频

KVM认知和环境配置

●●● 任务1　认识 KVM 及体系架构 ●●●

任务描述

KVM是一个开源的系统虚拟化模块，它使用Linux自身的调度器进行管理，所以相对于Xen，其核心源码很少。KVM发展迅速，目前已成为业界主流的VMM之一。我们在本任务中将学习KVM虚拟化技术架构、KVM虚拟化设备、KVM的功能、使用KVM常用管理工具进行虚拟机管理等技术。

任务目标

- 了解KVM虚拟化概念和技术架构。
- 了解KVM虚拟化设备。
- 了解KVM的功能。
- 了解KVM常用管理工具。

知识学习

一、KVM概念认知

KVM全称是Kernel-based Virtual Machine，即"基于内核的虚拟机"。它是一个开源的系统虚拟化模块，自Linux 2.6.20之后集成在Linux的各个主要发行版本中。它使用Linux自身的调度器进行管理，所以相对于Xen，其核心源码很少。KVM目前已成为业界主流的VMM之一。KVM的虚拟化需要硬件支持（如Intel VT技术或者AMD V技术)，是基于硬件的完全虚拟化。

KVM是一个独特的管理程序，通过将KVM作为一个内核模块实现，在虚拟环境下Linux内核集成管理程序将其作为一个可加载的模块用以简化管理和提升性能。在这种模式下，每个虚拟机都是一个常规的Linux进程，通过Linux调度程序进行调度。

二、KVM虚拟化架构

在上文我们提到，虚拟化架构模型基本分为三类：Hypervisor型虚拟化、宿主型虚拟化、混合型虚拟化。Kvm属于宿主型。这种类型的操作系统称为宿主机操作系统，虚拟机监视器（Hypervisor）作为特殊的应用程序，充分利用现有的操作系统对物理资源的管理，不必自己管理物理资源和调度算法，使得Hypervisor更加简洁。Kvm作为一个模块加载进Linux内核。

Kvm模块让Linux主机成为一个虚拟机监视器。在KVM模块中，由于增加了一个新的客户模式，而每一个虚拟机都是一个由Linux调度程序管理的标准进程，虚拟机作为宿主机操作系统的一个进程来参与调度。KVM虚拟化平台结构图如图3-1所示。

KVM虚拟化有以下两个核心模块。

1. KVM内核模块

KVM内核模块主要包括KVM虚拟化核心模块KVM_ko，以及硬件相关的KVM_intel或KVM_AMD模块；负责CPU与内存虚拟化，包括VM创建、内存分配与管理、vCPU执行模式切换等。

2. QEMU设备模拟

该模块实现I/O虚拟化与各设备模拟（磁盘、网卡、显卡、声卡等），通过IOCTL系统调用与KVM内核交互。KVM仅支持基于硬件辅助的虚拟化（如Intel-VT与AMD-V），在内核加载时，KVM先初始化内部数据结构，打开CPU控制寄存器CR4里面的虚拟化模式开关，执行VMXON指令将Host OS设置为root模式，并创建的特殊设备文件/dev/kvm等待来自用户空间的命令，然后由KVM内核与QEMU相互配合实现VM的管理。KVM会复用部分Linux内核的能力，如进程管理调度、设备驱动，内存管理等。

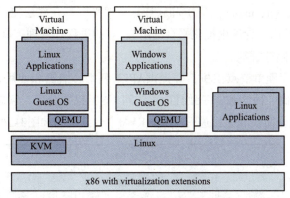

图 3-1　KVM 虚拟化平台结构图

KVM 内核实现 CPU 与内存虚拟化，QEMU 实现 I/O 虚拟化，通过 Linux 进程调度器实现 VM 管理。

三、KVM 虚拟化设备

1. 虚拟仿真设备

KVM 在软件中实现了虚拟机的多个核心设备。这些仿真硬件设备对虚拟化操作系统至关重要。虚拟仿真设备即完全使用软件实现的虚拟化设备。

2. 半虚拟化设备

半虚拟化为虚拟机使用主机上的设备提供了快速且高效的通信方式。KVM 为虚拟机提供半虚拟化设备，它使用 Virtio API 作为虚拟机监控程序和虚拟机的中间层。

3. 物理共享设备

特定硬件平台允许虚拟机直接访问多种硬件设备及组件。在 KVM 虚拟化技术中，此操作被称为"设备分配"（Device Assignment）。设备分配又被称作"直通"（Pass Through）。

四、KVM 支持的功能

KVM 的功能包括：

（1）支持 CPU 和 memory 超分（Overcommit）；

（2）支持半虚拟化 I/O（Virtio）；

（3）支持热插拔（CPU，块设备、网络设备等）；

（4）支持对称多处理（Symmetric Multi-Processing，SMP）；

（5）支持实时迁移（Live Migration）；

（6）支持 PCI 设备直接分配和 单根 I/O 虚拟化（SR-IOV）；

（7）支持内核同页合并（KSM）；

（8）支持 NUMA（Non-Uniform Memory Access，非一致存储访问结构）。

五、KVM 常用的工具

1. libvirt

libvirt 是目前使用最为广泛的对 KVM 虚拟机进行管理的工具和 API。而且一些常用的虚拟机管理工具（virsh、virt-install、virt-manager等）和云计算框架平台都在底层使用libvirt的应用程序接口。libvirt是一组软件集合，是用于管理虚拟化平台的API、守护进程和管理工具。libvirt可实现对虚拟机管理，对虚拟化网络和存储的管理。

libvirt的主要功能是管理单节点主机，并提供API来列举、监测和使用管理节点上的可用资源，其中包括CPU、内存、存储、网络和非一致性内存访问（NUMA）分区。管理工具可以位于独立于主机的物理机上，并通过安全协议和主机进行交流。KVM平台结构图如图3-2所示。

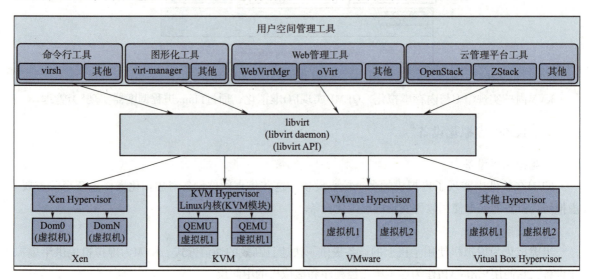

图 3-2　KVM 平台结构图

2. 其他工具

KVM的其他工具有virt-manager、virsh、virt-install等，我们在后面KVM网络、KVM存储以及虚拟机的创建、管理中会运用这些工具进行相关操作。

3. KVM常用的工具介绍

KVM常用的工具介绍见表3-1。

表 3-1　KVM 常用工具

工具名称	功能及介绍
libvirt	操作和管理KVM虚拟机的虚拟化 API。使用 C 语言编写，可以由 Python、Ruby、Perl、PHP、Java 等语言调用。可以操作包括 KVM、VMware、XEN、Hyper-v、LXC 等Hypervisor。是目前使用最为广泛的对KVM虚拟机进行管理的工具和应用程序接口，而且一些常用的虚拟机管理工具（virsh、virt-install、virt-manager等）和云计算框架平台都在底层使用libvirt的应用程序接口
virsh	基于 libvirt 的 命令行工具（CLI）。virsh是完全在命令行文本模式下运行的用户态工具，它是系统管理员通过脚本程序实现虚拟化自动部署和管理的理想工具之一
virt-Manager	基于 libvirt 的 GUI 工具。用于控制虚拟机的生命周期，包括配给、管理虚拟网络，统计数据收集和报告，以及提供对虚拟机本身的简单图形访问
virt-v2v	虚拟机格式迁移工具
virt-*	包括virt-install（创建KVM虚拟机的命令行工具）、virt-viewer（连接到虚拟机屏幕的工具）、virt-clone（虚拟机克隆工具）、virt-top 等
svirt	安全工具

思考与实践

（1）KVM两个核心模块是什么？分别有哪些功能？
（2）KVM主要功能有哪些？
（3）KVM虚拟化设备分哪几种？常用管理工具有哪些？

●●●● **任务2　KVM 的环境配置及安装** ●●●●

任务描述

在对KVM虚拟化有了一定了解后，本任务我们将进行KVM的环境配置以及KVM的安装，以便我们进一步的学习KVM。

任务目标

- 了解KVM环境需要用到的组件和工具。
- 掌握KVM组件的安装和验证。

任务实施

KVM其实可以在多种处理器架构上使用，本书以Intel和AMD的x86-64处理器架构来构建KVM，搭建KVM的Linux服务器以图形化安装为例。

1. 检查CPU是否支持虚拟化功能

KVM需要硬件虚拟化特性支持，因此在安装KVM前，将CPU虚拟化功能开启（Intel处理器虚拟化技术叫VT，AMD处理器虚拟化技术叫AMD-V）。如果实验环境使用VMware Workstation的情况下，就需要在开机之前开启此项功能。

使用命令：egrep '(vmx|svm)' /proc/cpuinfo 来查看CPU是否支持虚拟化及所属厂商。

如果输出的结果包含vmx，则它是Intel处理器虚拟机技术标志；如果包含svm，则它是AMD处理器虚拟机技术标志。

2. KVM组件安装

本书以最简单的yum安装来实现KVM相关组件的安装。如果系统是最小化进行安装的，按以下步骤进行以下操作；如果是图形化系统有些步骤可以省略。

```
#安装GNOME桌面环境（图形化界面略过）
yum groupinstall -y "GNOME Desktop"
#KVM 模块安装
yum install -y qemu-kvm
#安装KVM调试工具（可不安装）
yum install -yqemu-kvm-tools
#安装qemu组件，创建磁盘、启动虚拟机等(图形化界面略过)
```

```
yum install -y qemu-img
#网络支持工具,创建和管理桥接设备(图形化界面略过)
yum install -y bridge-utils
#安装KVM管理的命令行工具(API)libvirt
yuminstall -y libvirt
#安装构建虚拟机的命令行工具,基于libvirt服务的虚拟机创建命令
yum install -y virt-install
#安装KVM图形界面管理工具virt-manager
yum install -y virt-manager
#连接到虚拟机屏幕的工具
yum install -y virt-viewer
#将系统默认运行的target更改为graphical.target,否则重启时会报错(图形化界面略过)
ls -sf /lib/systemd/system/graphical.target /etc/systemd/system/default.target
```

（以上KVM环境配置及安装命令的执行过程省略）

3. 启动libvirtd服务

```
lsmod | grep kvm              #查看KVM模块是否已安装
systemctl enable libvirtd     #设置开机启动
systemctl start libvirtd      #启动libvirt服务
```

思考与实践

动手完成KVM相关组建的安装。

项目二　KVM 虚拟化技术管理

项目导入

在对 KVM 架构和功能有了一定理解后，小张对 KVM 安装环境进行了配置，并成功地安装了 KVM。接下来小张要进行 KVM 技术的学习，以提升自己的技能。公司在项目改造后有些设备闲置，小张向公司领导申请将这些设备重新利用起来。KVM 深受开源、国产虚拟化、云计算厂家欢迎，费用可以无视，配合的开源云管平台很丰富。

学习目标

- 掌握 virt-manager 安装和配置。
- 掌握 virt-manager 安装和管理虚拟机。
- 掌握 virt-manage 和 VNC 远程管理虚拟机。
- 掌握使用命令创建虚拟机。
- 掌握 virsh 命令行工具的使用。

- 掌握KVM网络的管理。
- 掌握KVM存储的管理。

●●●● 任务1 使用KVM图形化管理工具virt-manager ●●●●

任务描述

对KVM管理工具的选择，初学者总是喜欢GUI而不是基于文本的命令。virt-manager是KVM图形化管理工具，通过virt-manager可以快速提高学习使用libvirt和virsh命令工具管理KVM虚拟机的速度。因此本任务我们从virt-manager开始学习。

视 频

virt-manager
介绍和使用

任务目标

- 了解virt-manager。
- 掌握使用virt-manager创建虚拟机的方法。
- 掌握使用virt-manager管理虚拟机的方法。

知识学习

一、virt-manager简介

virt-manager由Red Hat使用Python语言开发，用于控制虚拟机的生命周期，包括配给、管理虚拟网络，统计数据收集和报告，以及提供对虚拟机本身的简单图形访问。它是一个轻量级应用程序套件，形式为一个管理虚拟机的命令行或图形用户界面。该解决方案显著简化了管理虚拟机（在关键的开源虚拟管理程序上运行）的能力，同时为这些虚拟机提供了度量其性能和监视资源利用率的功能。

virt-manager除了提供对虚拟机的管理功能之外，还通过一个嵌入式虚拟网络计算VNC客户端查看器为Guest虚拟机提供一个完整图形控制台。作为一个应用程序套件，virt-manager包括了一组常见的虚拟化管理工具见表3-2。

表3-2 virt-manager包括的管理工具

应用程序	描　　述
virt-manager	虚拟机桌面管理工具
virt-install	虚拟机配给工具
virt-clone	虚拟机映像复制工具
virt-image	从一个XML描述符构造虚拟机
virt-viewer	虚拟机图形控制台
virsh virsh Guest	域的交互式终端

virt-manager使用libvirt虚拟化库来管理可用的虚拟机管理程序。libvirt公开了一个应用程序编程接口（API），该接口与大量开源虚拟机管理程序相集成，以实现控制和监视。libvirt提供了一个名为libvirtd的守护程序，帮助实施控制和监视。

virt-manager安装依赖于图形化的LINUX，我们在Centos7中只需安装virt-manager包：yum install -y virt-manager即可。

二、启动 virt-manager

执行virt-manager命令，或从"应用程序"→"系统工具"→"虚拟系统管理器"打开virt-manager，双击默认连接QEMU/KVM打开连接详情页面，以访问用于配置网络和存储的选项，如图3-3所示。

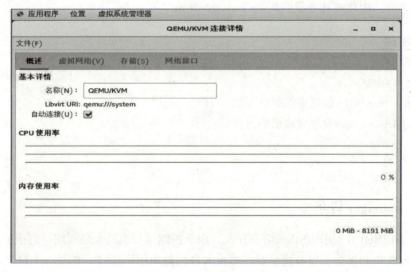

图3-3　连接详情

"虚拟网络"和"存储"将显示虚拟机可以使用的网络和存储池的详细信息。"网络接口"将提供主机网络的详细信息，并提供配置它们的选项。我们将在网络和存储中进行讲解。

virt-manager可以使用以下方法来安装Guest OS：

（1）本地安装介质（ISO映像或CD-ROM）；

（2）网络安装（HTTP，FTP或NFS）；

（3）网络启动（PXE）；

（4）导入现有的磁盘映像。

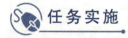任务实施

子任务1　virt-manager 创建虚拟机

本书使用本地安装介质和现有的磁盘映像分别创建一个运行不同操作系统的新虚拟机。

1. 使用本地安装介质（ISO映像或CD-ROM）安装虚拟机

（1）选择菜单栏"文件"→"新建虚拟机"命令或者单击"新建虚拟机"图标按钮打开向导。

选择"本地安装介质（ISO映像或者光驱）"单选按钮，然后单击"前进"按钮，如图3-4所示。

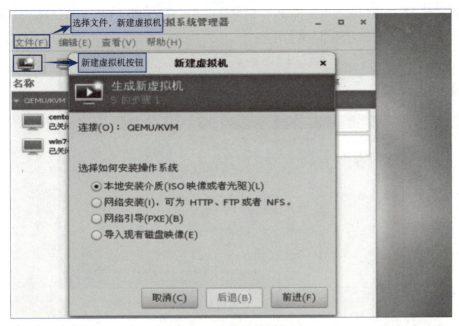

图 3-4　选择安装方式

（2）单击"前进"按钮，因为使用的是虚拟光驱，所以选择"使用ISO映像"。单击"浏览"按钮选择ISO映像位置并选择"根据安装介质自动侦测操作系统"复选框，如图3-5所示（如果virt-manager无法检测操作系统类型，取消"根据安装介质自动侦测操作系统"复选框，选择"常规默认值"作为操作系统类型）。

图 3-5　指定映像位置

virt-manager会基于安装介质自动检测操作系统。选择正确的操作系统名称很重要，因为虚拟机的模拟硬件选择与操作系统类型紧密映射。例如，默认情况下，对于Windows OS，虚拟磁盘格式被选择为IDE，而对于Linux操作系统，则是virtio磁盘。

（3）指定要分配给虚拟机的内存和CPU。向导显示可以分配的最大CPU和内存量。然后单击"前进"按钮为虚拟机配置存储，如图3-6所示。

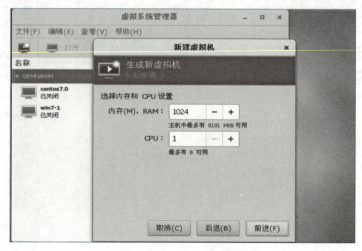

图3-6　设置内存和CPU

（4）确保为虚拟机分配足够的空间。默认情况下，它在/var/lib/libvirt/qemu位置（默认池）创建一个虚拟磁盘。如果系统上定义了其他自定义存储池，请选择或创建自定义存储，单击"管理"按钮，打开"定位或创建存储卷"对话框，在其中选择现有卷或从定义的存储池中创建一个新卷，如图3-7所示。

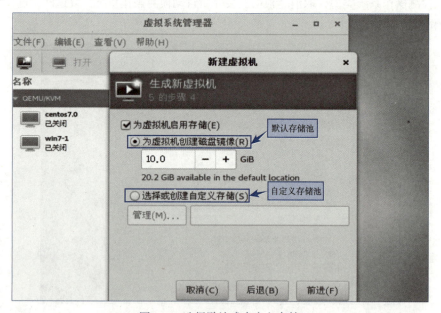

图3-7　选择默认或自定义存储

（5）命名客户机和网络配置，默认计算机名称基于所选的操作系统。默认情况下，KVM提供类似于NAT的桥接网络，单击"完成"按钮即可，如图3-8所示。

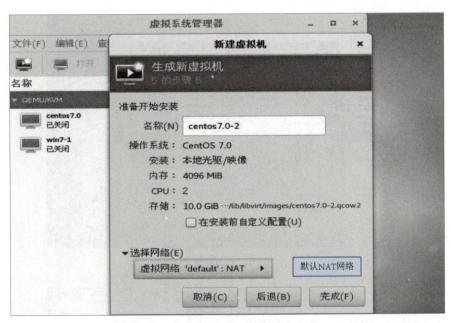

图 3-8 选择网络

（6）接下来是虚拟机创建的过程，如图3-9所示。

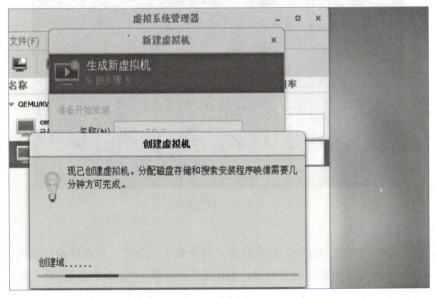

图 3-9 创建虚拟机

（7）如果想首先配置虚拟机的硬件，请先选择"安装前自定义配置"复选框，然后单击"完成"按钮。这样做将打开另一个向导，该向导将允许添加、删除和配置虚拟机的硬件设置。

（8）如果一切顺利，将显示新创建的VM的虚拟控制台。新域名将显示在"虚拟系统管理器"窗口的域列表中。就像在本机硬件上开始安装一样，如图3-10所示。

（9）单击正在安装的虚拟机，打开界面如图3-11所示。

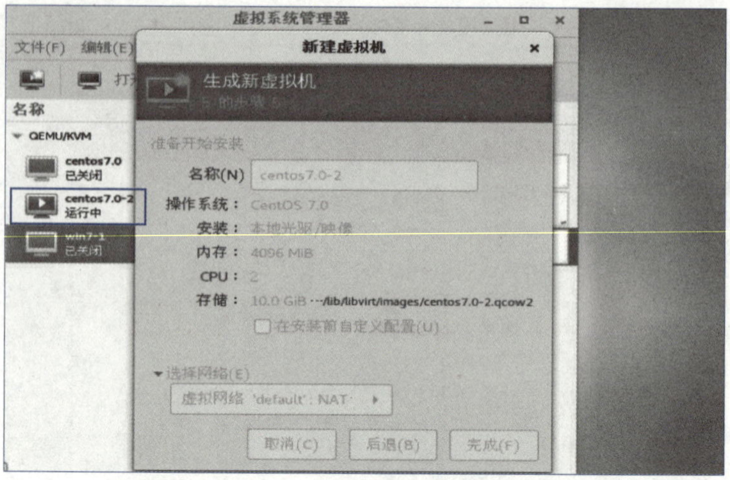

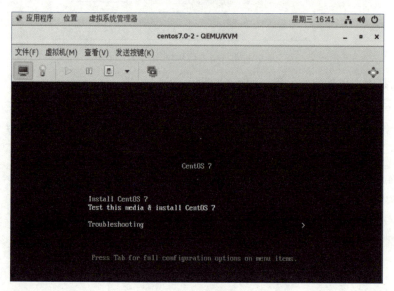

图 3-10　生成新虚拟机

图 3-11　打开界面

2. 导入现有的磁盘映像

这种方式可以导入预安装和配置的磁盘映像，而无须手动安装。磁盘映像必须包含可引导的操作系统。这通常用于分发预构建的设备映像，也用于将虚拟机以脱机模式从一台主机移动到另一台主机。导入磁盘比准备虚拟机的其他选项要快得多。许多Linux发行版都可以作为预配置的可引导磁盘映像使用。

（1）复制已经存在的虚拟机镜像文件：

```
cp -av /mnt/kvm-data02/win7.qcow2    /mnt/kvm-data02/win7-02.qcow2
```

复制完成后查看如图3-12所示。

（2）从virt-manager启动"新建虚拟机"向导，然后选择"导入现有磁盘映像"单选按钮作为OS安装方法。单击"前进"按钮，如图3-13所示。

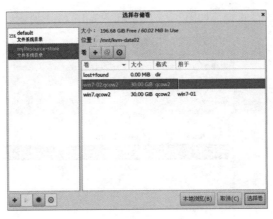

图 3-12　查看存储卷

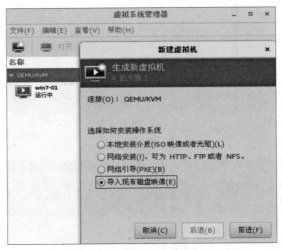

图 3-13　导入磁盘映像

（3）选择现有的image路径，单击"浏览"→"前进"按钮，如图3-14所示。

图 3-14　选择现有存储路径

（4）确认选择复制后的存储卷，如图3-15（a）和图3-15（b）所示。

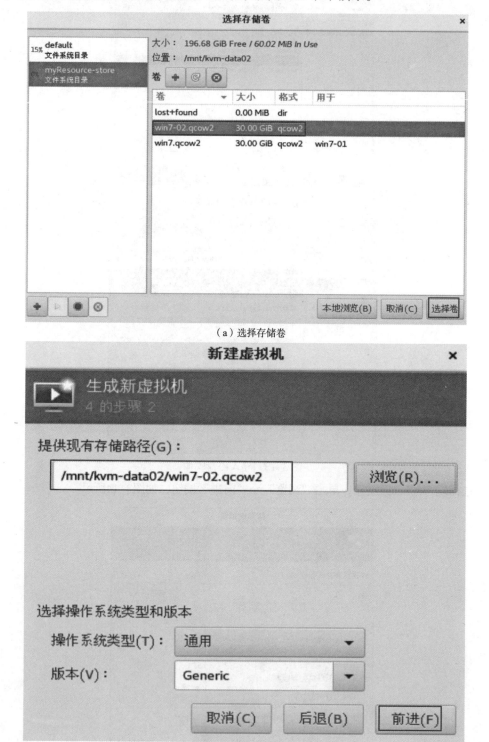

（a）选择存储卷

（b）选择存储卷路径

图 3-15 选择复制后的存储卷

（5）然后配置虚拟机CPU、内存、名称网络等进行虚拟机的安装（从步骤5以后与ISO镜像安装类似）。

子任务2　virt-manager 管理虚拟机

1. 打开、暂停、重启、关机、克隆、删除虚拟机

（1）选择想操作的虚拟机右击，可以根据虚拟机的状态进行相应的操作，如图3-16所示。

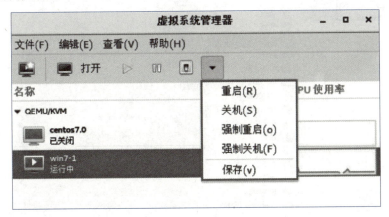

图 3-16　操作虚拟机

（2）虚拟机在开启状态下无法进行克隆操作，需将虚拟机进行关机后再进行克隆。在虚拟机上右击选择"克隆"命令，在弹出页面中编辑虚拟机名称，单击"克隆"按钮，如图3-17所示。

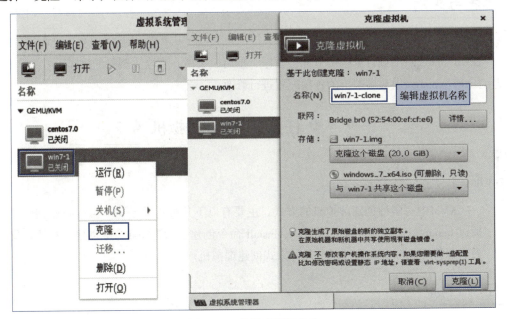

图 3-17　编辑虚拟机名称

2. 维护虚拟机各项配置

选择虚拟机单击"打开"按钮，可以维护虚拟机的各项配置，如图3-18所示。

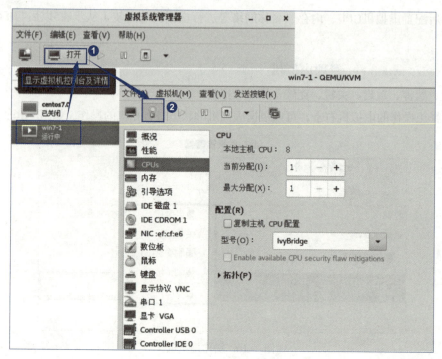

图 3-18 维护虚拟机配置

思考与实践

（1）使用virt-manager创建虚拟机1台。
（2）在virt-manager中进行虚拟机打开、暂停、重启、关机、克隆、删除的操作。
（3）在virt-manager中对虚拟机的各项配置进行修改。

●●●● 任务2　创建虚拟机 ●●●●

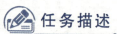

任务描述

KVM中有多种创建虚拟机的方式，主要有以下几种：通过 virt-manager图形工具创建、通过 qemu-kvm 命令创建、通过virt-install 命令创建、通过virsh命令创建。本任务我们将学习远程管理虚拟机和通过以上几种方式创建虚拟机。

任务目标

- 掌握使用virt-manager工具连接远程主机操作虚拟机。
- 掌握使用VNC连接远程主机操作虚拟机。
- 掌握使用qemu-kvm创建虚拟机。
- 掌握使用virt-install创建虚拟机。

- 掌握使用virsh命令创建虚拟机。

子任务1 远程操作虚拟机

1. 使用virt-manager远程操作虚拟机

（1）在终端输入命令virt-manager--no-fork打开管理界面。单击"文件"菜单，选择"添加连接"命令，如图3-19所示。

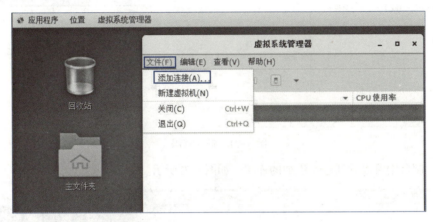

图3-19 添加连接

（2）选择"连接到远程主机"复选框，选择下拉列表中远程连接的方法，输入用户名和主机名，单击"连接"按钮。经过验证后，就可以建立到远程主机的连接，如图3-20所示。

图3-20 连接到远程主机

（3）输入密码，然后按【Enter】键，如图3-21所示。

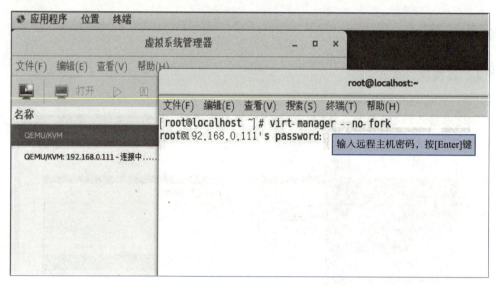

图 3-21　输入密码

（4）在控制台中可以看到已经添加的连接，如图3-22所示。

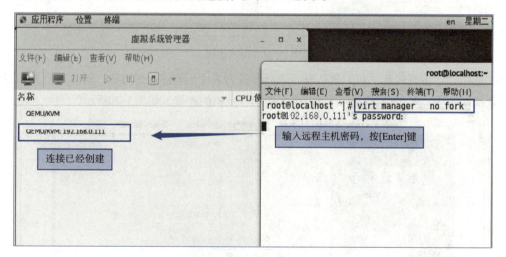

图 3-22　已经添加的连接

（5）选中远程的虚拟机，即可运行操作虚拟机，另外还可直接在远程主机上直接创建虚拟机。

2. 使用VNC远程操作虚拟机

VNC（Virtual Network Console）是一款优秀的远程控制工具软件，是基于 UNIX 和 Linux 操作系统的免费的开源软件，远程控制能力强大，高效实用。VNC由两部分组成：一部分是客户端的应用程序（VNC Viewer），另外一部分是服务器端的应用程序（VNC Server）。VNC的基本运行原理和一些Windows下的远程控制软件很相像。VNC的服务器端应用程序在UNIX和Linux操作系统中适应性很强，图形用户界面十分友好，看上去和Windows下的软件界面也很类似。在任何安装了客户端的应用程序的Linux平台的计算机都能十分方便地和安装了服务器端的应用程序的计算机相互连接。另外，服务器端还内建了Java Web接口，这样用户通过服务器端对其他计算机的操作就能通过Netscape显示出来了，这样的操作过程和显示方式比较直观方便。

1）服务器端设置

本实验在CentOS Linux release 7.4.1708版本上进行试验。

（1）在服务端使用yum方式安装VNC Server，执行以下命令：

```
Yum install -y tigervnc-server
```

（2）将/lib/systemd/system/vncserver@.service文件打开，按照说明进行操作，如图3-23所示。

```
# Quick HowTo:
# 1. Copy this file to /etc/systemd/system/vncserver@.service
# 2. Replace <USER> with the actual user name and edit vncserver
#    parameters in the wrapper script located in /usr/bin/vncserver_wrapper
# 3. Run `systemctl daemon-reload`
# 4. Run `systemctl enable vncserver@:<display>.service`
```

图 3-23　打开文件

（3）复制vnc的启动文件：

```
cp /lib/systemd/system/vncserver@.service /etc/systemd/system/vncserver@:1.service
```

说明：vncserver@:1.service中的：1表示"桌面号"，启动的端口号就是5900+桌面号，即5901；如果桌面号是2，端口号就是5902，以此类推。

（4）修改步骤（3）中复制后的配置文件，如图3-24所示（此配置是root用户的配置）。

```
vim/etc/systemd/system/vncserver@:1.service
```

```
[Service]
Type=forking
User=root
# Clean any existing files in /tmp/.X11-unix environment
ExecStartPre=-/usr/bin/vncserver -kill %i
ExecStart=/sbin/runuser -l root -c "/usr/bin/vncserver %i"
PIDFile=/root/.vnc/%H%i.pid
ExecStop=-/usr/bin/vncserver -kill %i
[Install]
WantedBy=multi-user.target
```

图 3-24　修改 root 配置文件

修改普通用户的配置文件方法类似，和root有所区别，如图3-25所示。

```
[Service]
#Type=simple
Type=forking
User=andy        普通用户

ExecStartPre=-/usr/bin/vncserver -kill %i
ExecStart=/usr/bin/vncserver %i
PIDFile=/home/andy/.vnc/%H%i.pid
ExecStop=-/usr/bin/vncserver -kill %i
[Install]
WantedBy=multi-user.target
```

图 3-25　修改普通用户配置文件

（5）执行命令systemctl daemon-reload。

（6）执行命令vncpasswd来设置密码，如图3-26所示。

```
[root@localhost ~]# vncpasswd
Password:
Verify:
Would you like to enter a view-only password (y/n)? n
[root@localhost ~]#
```

图 3-26　设置密码

（7）启动VNC服务，设置开机启动。

```
systemctl enable vncserver@:1.service
systemctl start vncserver@:1.service
```

（8）开放服务端防火墙相应端口，重启防火墙。

```
firewall-cmd --zone=public --add-port=5901/tcp --permanent
（VNC端口第一个用户5901，创建第二个用户5902，其他以此类推）
firewall-cmd --reload              #重载防火墙
firewall-cmd --list-port           #查看放行的端口
```

2）在客户端设置

（1）客户端需要在连接VNC Server的机器上安装 VNC Viewer，本测试客户端是Windows 系统，需要安装Windows版本的VNC Viewer。

（2）安装完成后，单击File→New Connection来配置连接。VNC Server 输入服务器的IP地址和端口地址，如192.168.0.111:1；Name 输入自定义连接名称；单击OK按钮完成连接创建，如图3-27所示。

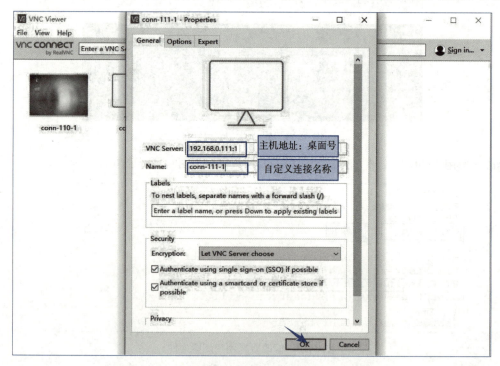

图 3-27　创建 VNC 连接

（3）双击打开连接后会弹出警告框，单击Continue按钮，如图3-28所示。

图 3-28 弹出警告框

（4）单击Continue按钮弹出验证信息，输入密码，单击OK按钮就连接到远程服务器，如图3-29所示。

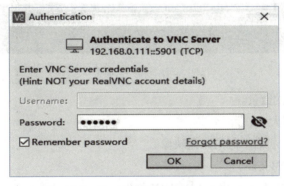

图 3-29 输入密码

子任务 2　创建虚拟机

KVM创建虚拟机有很多种方式，常有以下几种：

（1）通过virt-manager图形管理工具创建；

（2）通过qemu-kvm命令创建；

（3）通过virt-install 命令创建；

（4）通过virsh命令创建。

1. 通过virt-manager创建

在讲述virt-manager时已经介绍，此处不再做介绍。

2. 通过qemu-kvm创建

（1）安装VNC服务端、客户端。

```
yum install tigervnc tigervnc-server -y
```

（2）将qemu-kvm程序链接至环境变量PATH包含的路径下。

```
ln -s /usr/libexec/qemu-kvm /usr/bin
```

（3）切换到镜像计划存放处。

```
cd /kvm-data/myResource/
```

（4）创建磁盘文件，如图3-30所示。

```
qemu-img create -f qcow2 Centos7-1.qcow2 10G
```

```
[root@localhost ~]# cd /kvm-data/myResource/
[root@localhost myResource]# qemu-img create -f qcow2 Centos7-1.qcow2 10G
Formatting 'Centos7-1.qcow2', fmt=qcow2 size=10737418240 encryption=off cluster_size=65536 lazy_refcounts=off
```

图 3-30　创建磁盘文件

（5）传递给 qemu-kvm 合适的参数，在后台进行安装任务，如图3-31所示。

```
qemu-kvm -smp 2 -m 2048 -drive file=/kvm-data/myResource/Centos7-1.qcow2
-cdrom/kvm-data/iso/CentOS-7-x86_64-DVD-1708.iso-boot dc &
```

```
[root@localhost myResource]# qemu-kvm -smp 2 -m 2048 -drive file=/kvm-data/myResource/Centos7-1.qcow2 -cdrom
/kvm-data/iso/CentOS-7-x86_64-DVD-1708.iso -boot dc &
[1] 4058
[root@localhost myResource]# VNC server running on `::1:5900'
```

图 3-31　在后台安装

-smp：设定逻辑CPU的数量。

-m：设定客户机内存大小。

-drive file=：指定客户机启动时的磁盘映像。

-cdrom：设置 CD-ROM文件。

-boot：指明引导顺序；其中 d 表示 CD-ROM 优先；c表示硬盘优先。

（6）根据提示使用vncviewer :0进行连接，如图3-32所示。

```
[root@localhost ~]# vncviewer :0
TigerVNC 查看器 64 位 v1.8.0
构建于：2020-11-16 16:46
版权所有 1999-2017 TigerVNC 团队及众多开发者（参见 README.txt）
访问 http://www.tigervnc.org 以获取更多关于 TigerVNC 的信息。

Fri Jan 21 23:40:19 2022
 DecodeManager: Detected 4 CPU core(s)
 DecodeManager: Creating 4 decoder thread(s)
 CConn:        已连接到主机 localhost 的端口 5900
 CConnection: Server supports RFB protocol version 3.8
 CConnection: Using RFB protocol version 3.8
 CConnection: Choosing security type None(1)
 CConn:        正在使用像素格式 depth 24 (32bpp) little-endian rgb888
 CConn:        使用 Tight 编码
```

图 3-32　使用 vncviewer :0 进行连接

（7）虚拟机安装显示如图3-33所示。

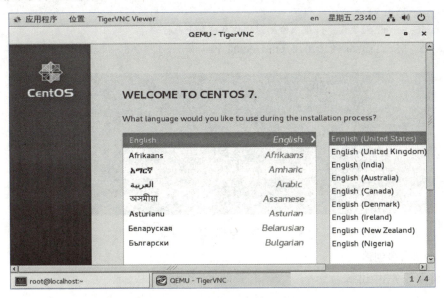

图 3-33　虚拟机安装显示

这样，我们就可以进行安装虚拟机了。在虚拟机安装完成后，以后启动时，去掉从 cdrom 引导的参数就可以了：

```
qemu-kvm -smp 2 -m 2048-drive file=/kvm-data/myResource/Centos7-1.qcow2
```

3. 通过 virt-install 创建

（1）创建虚拟机磁盘，如图3-34所示。

```
cd /kvm-data/myResource /
qemu-img create -f qcow2  centos7-2.qcow210G
```

```
[root@localhost ~]# qemu-img create -f qcow2  centos7-2.qcow2  10G
Formatting 'centos7-2.qcow2', fmt=qcow2 size=10737418240 encryption=off cluster_size=65536 lazy_refcounts=off
```

图 3-34　创建虚拟机磁盘

（2）查看磁盘情况。

```
qemu-img info/kvm-data/myResource/centos7-2.qcow2
```

（3）创建虚拟机命令，如图3-35所示。

```
virt-install\
--virt-typekvm \
--name Centos7-2 \
--vcpus=1 \
--ram 2048 \
--cdrom=/kvm-data/iso/CentOS-7-x86_64-DVD-1708.iso \
--disk path=/kvm-data/myResource/centos7-2.qcow2,size=10,format=qcow2,bus=virtio \
```

```
--network bridge=br0 \
--os-type=linux\
--os-variant rhel7 \    #报未检测到操作系统加上此行
--graphics vnc,listen=0.0.0.0,port=5900,password=123456 --noautoconsole  --force
```

图 3-35　创建虚拟机命令

4. 使用virsh命令创建

此方法将在任务3中讲解。

思考与实践

（1）实现virt-manager远程连接服务器，对虚拟机进行操作。
（2）配置VNC服务，实现远程连接服务器，对虚拟机进行操作。
（3）实现qemu-kvm命令操作创建虚拟机。
（4）实现 virt-install命令创建虚拟机。

●●●● 任务 3　使用命令行工具 virsh 创建管理虚拟机 ●●●●

视频

使用命令行工具virsh创建管理虚拟机

任务描述

在本单元项目一、任务1中，我们了解到virsh命令是基于libvirt的命令行工具。virsh是完全在命令行文本模式下运行的用户态工具，它是系统管理员通过脚本程序实现虚拟化自动部署和管理的理想工具之一。在本任务中，我们将学习virsh工具常用的命令，以及使用virsh命令工具创建和管理虚拟机。

任务目标

- 了解virsh命令行工具。
- 掌握常用的virsh命令。
- 理解虚拟机配置文件。
- 掌握使用virsh工具创建虚拟机。
- 掌握使用virsh工具管理虚拟机。

 知识学习

一、virsh 介绍及常用命令

virsh 是 KVM 一个命令管理工具,在安装 libvirt 安装后会自动安装。它是一个管理虚拟化环境中客户机和 Hypervision 的命令行工具,与 virt-manager 类似。virsh 这个命令行工具使用 libvirt API 实现了很多命令来管理 Hypervisor、节点和域,virsh 实现了对 QEMU/KVM 中的多数而不是全部的功能的调用,这是和开发模式及流程相关的,libvirt 中实现的功能和最新的 QEMU/KVM 中的功能相比有一定的滞后性。一般来说,一个功能都是先在 QEMU/KVM 代码中实现,然后再修改 libvirt 的代码来实现的,最后由 virsh 这样的用户空间工具添加相应的命令接口去调用 libvirt 来实现。当然,除了 QEMU/KVM、libvirt 和 virsh 还实现了对 Xen、VMware 等其他 Hypervisor 的支持,如果考虑到这个因素,virsh 等工具中有部分功能也可能是 QEMU/KVM 中本身就没有实现的。

virsh 的一些常用的命令及说明见表 3-3。

表 3-3　virsh 常用命令及说明

命　令	说　明	示　例
help	显示该命令的说明	virsh –help
quit	结束 virsh,回到 Shell	
connect	连接到指定的虚拟机服务器	qemu:///system(本地连接到系统实例) qemu:///session(本地连接到个人实例)
create	创建虚拟机(创建后,虚拟机立即执行,成为活动主机)	virsh create vm1.xml
destroy	强制关闭虚拟机	virsh destroy vm1
start	开启(已定义的)非启动的虚拟机 开机启动虚拟机 关闭开机启动虚拟机	virsh start vm1 virsh autostart vm1 virsh auto start --disable vm1
define	从 XML 定义一个虚拟机	virsh define vm1.xml
undefine	取消定义的虚拟机	virsh undefine vm1
dumpxml	显示虚拟机的当前配置文件	virsh dumpxml vm1
edit	修改 vm1 的 xml 配置文件	virsh edit vm1
list	列出运行的虚拟机 列出创建的所有虚拟机	virsh list virsh list --all
reboot	重新启动虚拟机	
save	存储虚拟机的状态	
restore	回复虚拟机的状态	
suspend	暂停虚拟机的执行	virsh suspend vm1
resume	继续执行该(挂起的)虚拟机	virsh resume vm1
shutdown	关闭虚拟机(需要 ACPID 服务的支持)	virsh shutdown vm1
setmem	修改内存的大小	virsh setmem vm1 1 024
setmaxmem	设置内存的最大值	virsh setmaxmem vm1 4 096
setvcpus	修改虚拟处理器的数量	virsh setvcpu vm1 2
iface-list	查看虚拟机激活的网卡及 VLAN	virsh iface-list –al
net-start	启动默认的网络 自启动默认网络	virsh net-start default virsh net-autostart default

二、虚拟机配置文件

1. 了解虚拟机配置文件

初次创建虚拟机时会创建一个xml格式的文件。执行virsh dumpxml centos7.0命令可以打开虚拟机centos7.0的配置文件（默认在/etc/libvirt/qemu/下），我们可以通过修改虚拟机配置文件来配置调整虚拟机的相关参数。

```
<domain type='kvm'>
<name>centos7.0</name>
<uuid>30844a2c-5e28-457c-839b-95e7ad7fc62b</uuid>
<memory unit='KiB'>2097152</memory>
<currentMemory unit='KiB'>2097152</currentMemory>
<vcpu placement='static'>2</vcpu>
<os>
<type arch='x86_64' machine='pc-i440fx-rhel7.0.0'>hvm</type>
<boot dev='hd'/>
</os>
<features>
<acpi/>
<apic/>
</features>
<cpu mode='custom' match='exact' check='partial'>
<model fallback='allow'>Haswell-noTSX</model>
</cpu>
<clock offset='utc' >
<timer name='rtc' tickpolicy='catchup'/>
<timer name='pit' tickpolicy='delay'/>
<timer name='hpet' present='no'/>
</clock>
<on_poweroff>destroy</on_poweroff>
<on_reboot>restart</on_reboot>
<on_crash>destroy</on_crash>
<pm>
<suspend-to-mem enabled='no'/>
<suspend-to-disk enabled='no'/>
</pm>
<devices>
<emulator>/usr/libexec/qemu-kvm</emulator>
<disk type='file' device='disk'>
<driver name='qemu' type='qcow2'/>
<source file='/kvm-data/myResource/centos7.0.qcow2'/>
<target dev='vda' bus='virtio'/>
<address type='pci' domain='0x0000' bus='0x00' slot='0x07' function='0x0'/>
```

```xml
</disk>
<disk type='file' device='cdrom'>
<driver name='qemu' type='raw'/>
<target dev='hda' bus='ide'/>
<readonly/>
<address type='drive' controller='0' bus='0' target='0' unit='0'/>
</disk>
<controller type='usb' index='0' model='ich9-ehci1'>
<address type='pci' domain='0x0000' bus='0x00' slot='0x05' function='0x7'/>
</controller>
<controller type='usb' index='0' model='ich9-uhci1'>
<master startport='0'/>
<address type='pci' domain='0x0000' bus='0x00' slot='0x05' function='0x0' multifunction='on'/>
</controller>
<controller type='usb' index='0' model='ich9-uhci2'>
<master startport='2'/>
<address type='pci' domain='0x0000' bus='0x00' slot='0x05' function='0x1'/>
</controller>
<controller type='usb' index='0' model='ich9-uhci3'>
<master startport='4'/>
<address type='pci' domain='0x0000' bus='0x00' slot='0x05' function='0x2'/>
</controller>
<controller type='pci' index='0' model='pci-root'/>
<controller type='ide' index='0'>
<address type='pci' domain='0x0000' bus='0x00' slot='0x01' function='0x1'/>
</controller>
<controller type='virtio-serial' index='0'>
<address type='pci' domain='0x0000' bus='0x00' slot='0x06' function='0x0'/>
</controller>
<interface type='network'>
<mac address='52:54:00:ba:55:61'/>
<source network='default'/>
<model type='virtio'/>
<address type='pci' domain='0x0000' bus='0x00' slot='0x03' function='0x0'/>
</interface>
<serial type='pty'>
<target type='isa-serial' port='0'>
<model name='isa-serial'/>
</target>
</serial>
<console type='pty'>
<target type='serial' port='0'/>
```

```xml
    </console>
    <channel type='unix'>
    <target type='virtio' name='org.qemu.guest_agent.0'/>
    <address type='virtio-serial' controller='0' bus='0' port='1'/>
    </channel>
    <channel type='spicevmc'>
    <target type='virtio' name='com.redhat.spice.0'/>
    <address type='virtio-serial' controller='0' bus='0' port='2'/>
    </channel>
    <input type='tablet' bus='usb'>
    <address type='usb' bus='0' port='1'/>
    </input>
    <input type='mouse' bus='ps2'/>
    <input type='keyboard' bus='ps2'/>
    <graphics type='spice' autoport='yes'>
    <listen type='address'/>
    <image compression='off'/>
    </graphics>
    <sound model='ich6'>
    <address type='pci' domain='0x0000' bus='0x00' slot='0x04' function='0x0'/>
    </sound>
    <video>
    <model type='qxl' ram='65536' vram='65536' vgamem='16384' heads='1' primary='yes'/>
    <address type='pci' domain='0x0000' bus='0x00' slot='0x02' function='0x0'/>
    </video>
    <redirdev bus='usb' type='spicevmc'>
    <address type='usb' bus='0' port='2'/>
    </redirdev>
    <redirdev bus='usb' type='spicevmc'>
    <address type='usb' bus='0' port='3'/>
    </redirdev>
    <memballoon model='virtio'>
    <address type='pci' domain='0x0000' bus='0x00' slot='0x08' function='0x0'/>
    </memballoon>
    </devices>
    </domain>
```

2. 配置文件解释说明

```xml
<domain type='kvm'>
```
定义虚拟机类型。
```xml
<name>centos7.0</name>
```

虚拟机名称，由字母和数字组成，不能包含空格。
```
<uuid>30844a2c-5e28-457c-839b-95e7ad7fc62b</uuid>
```
uuid，由命令行工具uuidgen生成。
```
<memory unit='KiB'>2097152</memory>
```
在不重启的情况下，虚拟机可以使用的最大内存，以KB为单位。
```
<currentMemory unit='KiB'>2097152</currentMemory>
```
虚拟机启动时的内存，可以通过virsh setmem来调整内存，但不能大于最大可使用内存。
```
<vcpu placement='static'>2</vcpu>
```
分配的虚拟CPU。
```
<os>
<type arch='x86_64' machine='pc-i440fx-rhel7.0.0'>hvm</type>
<boot dev='hd'/>
</os>
```
arch：指出系统架构类型；machine：宿主机的操作系统；boot：指定启动设备，可以重复多行，指定不同的值，作为启动设备列表。
```
<features>
    <acpi/>
    <apic/>
    <pae/>
</features>
```
处理器特性，高级电源管理，无须手动修改。
```
<clock offset='utc'>
<timer name='rtc' tickpolicy='catchup'/>
<timer name='pit' tickpolicy='delay'/>
<timer name='hpet' present='no'/>
</clock>
```
时钟，使用UTC时间。
```
<on_poweroff>destroy</on_poweroff>
<on_reboot>restart</on_reboot>
<on_crash>restart</on_crash>
```
定义在KVM环境中的默认动作。poweroff时的默认的动作为destroy；reboot、crash时的默认动作为restart。
```
<devices>
```
设备定义开始。
```
<emulator>/usr/libexec/qemu-kvm</emulator>
```
模拟元素，此处的写法用于KVM的虚拟机。
```
<disk type='file' device='disk'>
<driver name='qemu' type='qcow2'/>
<source file='/kvm-data/myResource/centos7.0.qcow2'/>
<target dev='vda' bus='virtio'/>
<address type='pci' domain='0x0000' bus='0x00' slot='0x07' function='0x0'/>
</disk>
```

硬盘配置，设置磁盘路径，盘符设置，采用Virtio驱动，总线地址设置（可删除）。
```
<disk type='file' device='cdrom'>
<driver name='qemu' type='raw'/>
<target dev='hda' bus='ide'/>
<readonly/>
<address type='drive' controller='0' bus='0' target='0' unit='0'/>
</disk>
```
采用普通的驱动，硬盘和网卡都采用默认配置的情况下，硬盘是ide模式。
```
<controller type='usb'………></controller>
<controller type='pci………….></controller>
```
USB相关配置，可删除；PCI设备配置，可删除。
```
<interface type='network'>
<mac address='52:54:00:ba:55:61'/>
<source network='default'/>
<model type='virtio'/>
<address type='pci' domain='0x0000' bus='0x00' slot='0x03' function='0x0'/>
</interface>
```
使用网桥类型。使用默认的虚拟网络NAT模式。也可以省略MAC地址元素，这样将自动生成MAC地址。网卡驱动类型为virtio。
```
<input type='tablet' bus='usb'>
<address type='usb' bus='0' port='1'/>
</input>
<input type='mouse' bus='ps2'/>
<input type='keyboard' bus='ps2'/>
```
输入设备（数位板、鼠标、键盘）。
```
<graphics type='spice' autoport='yes'>
<listen type='address'/>
<image compression='off'/>
</graphics>
```
定义与虚拟机交互的图形设备，图形图像显卡相关配置，使用spice协议。
```
<sound model='ich6'>
<address type='pci' domain='0x0000' bus='0x00' slot='0x04' function='0x0'/>
</sound>
```
声卡相关设置。
```
<redirdev bus='usb' type='spicevmc'>
<address type='usb' bus='0' port='2'/>
</redirdev>
```
设备重定向。
```
</devices>
```
设备定义结束。
```
</domain>
```
KVM虚拟机定义结束。

任务实施

我们可以通过编写xml配置文件或者修改xml文件创建新的虚拟机（默认配置文件目录：/etc/libvirt/qemu/）。

（1）复制磁盘映像文件与xml文件，操作如图3-36所示。

```
cd/kvm-data/myResource/
cp/centos7.0.qcow2 centos7.0-3.qcow2
cd /etc/libvirt/qemu
cp centos7.0.xml  centos7.0-3.xml
```

图3-36 复制磁盘映像文件与xml文件

（2）对复制后的centos7.0-3.xml进行修改，操作如图3-37所示。

```
vim centos7.0-3.xml
```

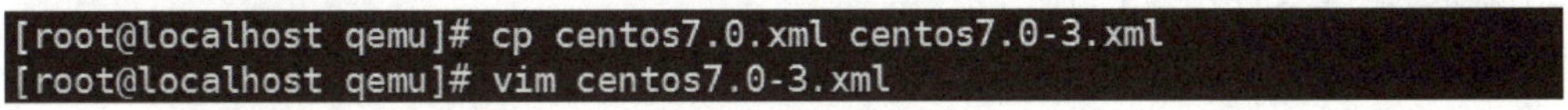

图3-37 修改文件

<name>修改为centos7.0-3；

<uuid>删除或修改为不重复的值；

<source file>值修改为 /kvm-data/myResource/centos7.0-3.qcow2；

<mac address>删除或者改为任意不重复值。

（3）运行虚拟机文件并启动，操作如图3-38所示。

```
virsh define centos7.0-3.xml
virsh start centos7.0-3
```

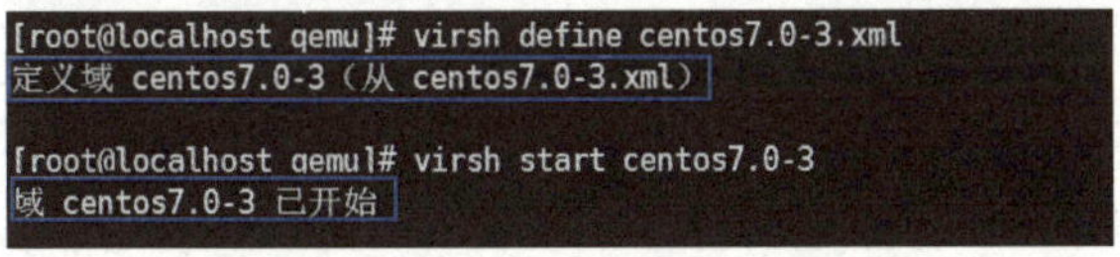

图3-38 运行虚拟机文件并启动

（4）查看运行状态，如图3-39所示。

```
virsh list --all
```

图3-39 查看运行状态

在virt-mamager中也可以看到新虚拟机已经启动,如图3-40所示。

图 3-40　在 virt-manager 中查看虚拟机

(5)使用virsh相关命令对虚拟机进行管理(在virsh介绍及常用命令中已列出)。

思考与实践

(1)Virsh常用命令有哪些?
(2)虚拟机配置文件在哪个目录下?
(3)使用virsh工具创建1台虚拟机。
(4)使用virsh工具管理对(3)中创建的虚拟机进行开机、挂起、关机等操作。

• 视　频

KVM网络管理

任务 4　KVM 网络管理

任务描述

在本任务中,我们将了解KVM的网络类型。主要介绍NAT网络和Bridge网络的创建和管理,以及如何在虚拟机中切换NAT和Bridge网络。

任务目标

- 了解KVM中网络的类型。
- 理解NAT和Bridge网络的工作原理。
- 掌握使用命令和配置文件创建NAT网络。
- 掌握使用命令和配置文件创建Bridge网络。
- 掌握使用virt-manager和修改配置文件切换网络。

知识学习

一、KVM 网络类型

qemu-kvm主要向客户机提供了如下4种不同模式的网络:

（1）基于NAT（Network Addresss Translation）的虚拟网络；
（2）基于桥接（Bridge）的虚拟网卡；
（3）QEMU内置的用户模式网络（User Mode Networking）；
（4）直接分配宿主机上的网络设备的网络（包括VT-d和SR-IOV）。
本书中主要介绍NAT模式和Bridge模式。

二、NAT 和 Bridge 网络

1. NAT网络

NAT网络是KVM安装后的默认方式，NAT模式支持主机与虚拟机的互访，同时也支持虚拟机访问互联网，但不支持外界访问虚拟机。默认的网络连接是virbr0，virbr0 是 KVM 默认创建的一个 Bridge，其作用是为连接其上的虚拟机网卡提供 NAT 访问外网的功能。它的配置文件在/etc/libvirt/qemu/networks/目录下。图3-41 为NAT网络模式结构图。

2. Bridge网络

另外一种方式是Bridge网络，设置好后客户机与互联网、客户机与主机之间可以通信，适用于需要多个公网IP的环境，可以使虚拟机成为网络中具有独立IP的主机。网桥的基本原理就是创建一个桥接接口br0，在物理网卡和虚拟网络接口之间传递数据。图3-42 为Bridge网络模式结构图。

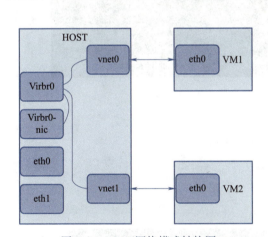

图 3-41　NAT 网络模式结构图

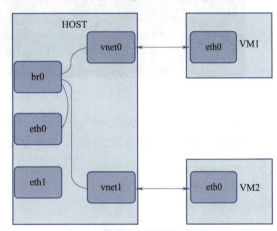

图 3-42　Bridge 网络模式结构图

任务实施

子任务1　KVM 中创建 NAT 网络

如果没有default网络或者需要扩展自己的虚拟网络，可以使用命令重新安装NAT。defaul网络默认位置是/etc/libvirt/qemu/networks/default.xml，模板文件位于/usr/share/libvirt/networks/default.xml。

（1）切换到KVM网络配置文件目录/etc/libvirt/qemu/networks/。

```
cd /etc/libvirt/qemu/networks/
```

（2）复制网络配置文件后，另存为/etc/libvirt/qemu/networks/nat1.xml，如图3-43所示。

```
cp  default.xml nat1.xml
```

```
[root@localhost ~]# cd /etc/libvirt/qemu/networks/
[root@localhost networks]# ll
总用量 4
drwx------. 2 root root  25 4月   28 2021 autostart
-rw-------. 1 root root 576 3月    3 2020 default.xml
[root@localhost networks]# cp default.xml nat1.xml
[root@localhost networks]# ll
总用量 8
drwx------. 2 root root  25 4月   28 2021 autostart
-rw-------. 1 root root 576 3月    3 2020 default.xml
-rw-------. 1 root root 576 1月   26 23:06 nat1.xml
```

图 3-43　另存为 nat1.xml 文件

（3）对新的配置文件nat1.xml进行修改，编辑内容如图3-44所示。

```
vim  nat1.xml
```

```
<network>
  <name>default</name>                                   #修改成 nat1
  <uuid>7588ba83-8a3c-4d92-9358-758274a39a27</uuid>  #修改成7588ba83-8a3c-4d92-9358-758274a39a28
  <forward mode='nat'/>
  <bridge name='virbr0' stp='on' delay='0'/>             #修改成 virbr1
  <mac address='52:54:00:73:b0:b5'/>                     #修改成 52:54:00:73:b0:b6
  <ip address='192.168.122.1' netmask='255.255.255.0'>
    <dhcp>                                               #IP可以修改成想要的网段
      <range start='192.168.122.2' end='192.168.122.254'/>
    </dhcp>
  </ip>
</network>
```

图 3-44　修改 nat1.xml 文件

以上修改地方不要跟default.xml内容重复，将新文件保存。

（4）然后使用下面的命令新建网桥，操作过程如图3-45所示。

```
virsh net-define /etc/libvirt/qemu/networks/nat1.xml
virsh net-autostart nat1
virsh net-start nat1
```

```
[root@localhost networks]# vim nat1.xml
[root@localhost networks]# virsh net-define /etc/libvirt/qemu/networks/nat1.xml
从 nat1定义网络/etc/libvirt/qemu/networks/nat1.xml

[root@localhost networks]# virsh net-autostart nat1
网络nat1标记为自动启动

[root@localhost networks]# virsh net-start nat1
网络 nat1 已开始
```

图 3-45　新建网桥

（5）查看所有网络，如图3-46和图3-47所示。

```
brctl show
virsh net-list -all
virshnet-edit nat1
```

```
[root@localhost networks]# brctl show
bridge name     bridge id           STP enabled     interfaces
br0             8000.000c29da1178   no              ens33
virbr0          8000.52540073b0b5   yes             virbr0-nic
virbr1          8000.52540073b0b6   yes             virbr1-nic
```

图 3-46　查看网桥

```
[root@localhost networks]# virsh net-list --all
 名称              状态        自动开始     持久
------------------------------------------------------
 default          活动        是           是
 nat1             活动        是           是
```

图 3-47　列表查看网络

打开virt-manager将虚拟机的网卡改成新网卡，也可以用virsh edit命令修改（在修改虚拟机上网模式中会讲解）。

子任务 2　KVM 中创建 Bridge 网络

（1）第一种：使用命令，但是临时生效，重启失效。

```
brctl show                                        #查看已有网桥
brctl addbr br0                                   #添加网桥
ifconfig br0 192.168.0.110 netmask 255.255.255.0  #为br0的虚拟网卡配置IP和子网掩码
brctl addif br0 eth0                              #添加一块物理网卡，将它附加到刚生成的虚拟网桥接口br0上
ifconfig br0 down                                 #关闭网桥
brctl delif br0 eth0                              #删除物理网卡
brctl delbr br0                                   #删除网桥
```

（2）第二种：编辑网卡配置文件，永久生效。

① 增加网桥设备br0。创建ifcfg-br0文件，输入以下内容，如图3-48所示。

```
TYPE=Bridge
PROXY_METHOD=none
BROWSER_ONLY=no
BOOTPROTO=static
DEFROUTE=yes
IPV4_FAILURE_FATAL=no
IPV6INIT=yes
IPV6_AUTOCONF=yes
IPV6_DEFROUTE=yes
IPV6_FAILURE_FATAL=no
IPV6_ADDR_GEN_MODE=stable-privacy
NAME=br0
#UUID=31659197-bcd6-4c50-925d-0e348560b5e5
DEVICE=br0
ONBOOT=yes
IPADDR=192.168.0.110
NETMASK=255.255.255.0
GATEWAY=192.168.0.1
DNS1=192.168.0.1
DNS2=114.114.114.114
```

图 3-48　创建 ifcfg-br0 文件

② 修改桥接网卡的配置文件，网桥模式需要在物理机ens33配置文件中添加BRIDGE=br0，否则物理机与虚拟机将无法通信，配置文件修改内容如图3-49所示。

图 3-49　修改 ens33 配置文件

③配置完成后重启网络，ens33不会显示地址信息，br0会代替ens33显示相关信息。

```
systemctl restrat network.service
ip a
```

④查看网桥状态，如图3-50所示。

```
brctl show
```

图 3-50　显示网桥

子任务 3　KVM 修改虚拟机网卡模式

本例以虚拟机由NAT模式改为Bridge模式为例进行说明。

（1）直接使用virt-manager图形化界面修改。

①单击虚拟机，打开显示硬件详情界面进行网络切换，如图3-51所示。

单元三 KVM 虚拟化技术应用 167

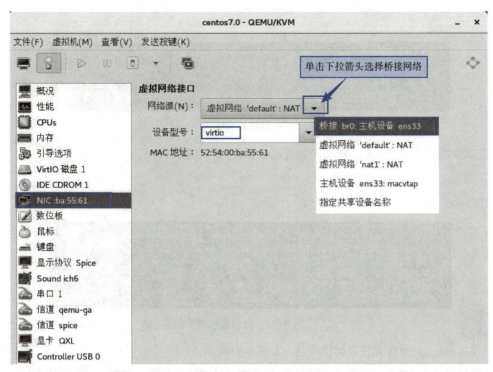

图 3-51 切换 Bridge 网络

② 然后启动虚拟机,如图3-52所示。

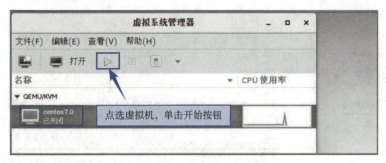

图 3-52 启动虚拟机

(2)命令修改配置文件方式。

① 关闭虚拟机:virsh shutdown centos7.0

② 编辑虚拟机的配置文件。(默认在/etc/libvirt/qemu下)对以下部分进行修改,修改内容如图3-53所示。

```
# vim /etc/libvirt/qemu/centos7.0.xml 或者使用命令virsh edit centos7.0
<interface type=' default'>#改为<interface type=' bridge'>
  <mac address='52:54:00:6c:71:58' />
  <source network='virbr0'/>#改为<source bridge='br0'/>
  <model type='virtio'/>
  <address type='pci' domain='0x0000' bus='0x00' slot='0x03' function='0x0'/>
```

```
</interface>
```

```
<interface type='bridge' >
    <mac address='52:54:00:6c:71:58'/>
    <source bridge='br0'/>
    <model type='virtio'/>
    <address type='pci' domain='0x0000' bus='0x00' slot='0x03' function='0x0'/>
</interface>
```

图 3-53 修改内容

③启动虚拟机（启动前重新定义虚拟机virsh define），如图3-54所示。

```
#virsh definecentos7.0
# virsh start centos7.0
```

```
[root@localhost ~]# vim /etc/libvirt/qemu/centos7.0.xml
[root@localhost ~]# virsh define /etc/libvirt/qemu/centos7.0.xml
定义域 centos7.0（从 /etc/libvirt/qemu/centos7.0.xml）

[root@localhost ~]# virsh start centos7.0
域 centos7.0 已开始
```

图 3-54 启动虚拟机

④在virt-manager里查看是否切换成功，如图3-55所示。

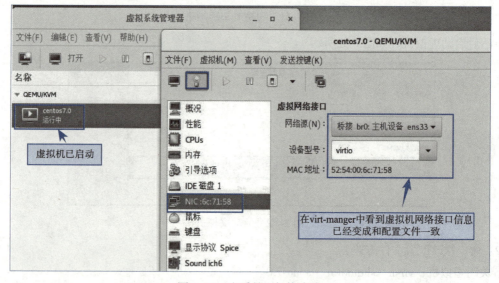

图 3-55 查看是否切换成功

思考与实践

（1）了解KVM中的主要网络类型。

（2）通过配置文件使用命令创建新的NAT网络。

（3）通过修改配置文件创建Bridge网络。

（4）创建虚拟机使用新建网络，并在NAT和Bridge间进行切换。

任务 5　KVM 存储管理

视频

KVM存储管理

任务描述

KVM的存储虚拟化是通过存储池（Storage Pool）和存储卷（Volume）来管理的。在本任务中，我们将使用virt-manager和virsh命令来创建存储池和存储卷。

任务目标

- 了解存储池和存储卷的概念。
- 了解基于虚拟磁盘文件、文件系统、设备的3种存储池及包含的类型。
- 掌握使用qemu命令完成磁盘创建并创建虚拟机。
- 掌握在virt-manager中创建存储池和存储卷。
- 掌握使用virsh创建和管理存储。
- 掌握静态迁移虚拟机的方法。

知识学习

一、KVM 存储池

KVM的存储选项有多种，包括基于虚拟磁盘文件的存储、基于文件系统的存储和基于设备的存储。系统创建KVM虚拟机的时候，默认使用虚拟磁盘文件作为后端存储。

KVM的存储虚拟化是通过存储池（Storage Pool）和存储卷（Volume）来管理的。存储池是宿主机上可以看到的一片存储空间，是被libvirt所管理的文件、目录或存储设备。存储池可以位于本地，也可以通过网络共享，存储池最终可以被虚拟主机所使用。默认libvirt使用基于目录的存储池设计，默认的存储池目录在/var/lib/libvirt/images。本地存储池可以是本地的一个目录、磁盘设备、物理分区或LVM卷，但本地存储池不适合于大规模产品部署，也不支持虚拟机迁移功能。网络共享存储池使用标准的网络协议进行存储设备的共享，它支持SAN、IP-SAN、NFS、GFS2等协议。

（1）基于虚拟磁盘文件的存储有：raw、qcow2、vmdk、vhd（x）、vdi等。

（2）基于文件系统的存储有：dir（Filesystem Directory）、fs（Pre-Formatted Block Device）、netfs（Network Exported Directory）。

dir用户指定本地文件系统中的一个目录用于创建磁盘镜像文件。fs可以允许用户指定某个格式化文件系统的名称，把它作为专用的磁盘镜像文件存储。这两种格式的区别是fs文件系统不需要挂载到某个特定的分区。dir和fs两种选项所指定的文件系统，都可以是本地文件系统或位于SAN上某个物理宿主机上的网络文件系统。

（3）基于设备的存储有：disk（Physical Disk Device）、iscsi（iSCSI Target）、logical（LVM Volume Group）。

基于设备的存储磁盘的名称是固定的，不需要取决于宿主机OS搜索到磁盘设备的顺序。

但是这种连接磁盘缺点是灵活性不足，虚拟磁盘的大小很难改变，且基于设备的KVM存储不支持快照。如果要优化KVM存储的灵活性，可以使用LVM（Logical Volume Manager）。

本任务介绍基于文件系统默认选项dir格式的存储池。

二、KVM存储卷

存储卷是在存储池中划分出的一块空间，宿主机将 Volume 分配给虚拟机，Volume 在虚拟机中看到的就是一块硬盘。存储池可以包含多个存储卷，对虚拟主机而言，这些存储卷将被识别为物理硬件存储设备。在本任务主要介绍本地存储管理。

任务实施

子任务1　本地存储管理

1. 使用qemu命令完成磁盘创建并创建虚拟机

（1）在KVM中可以使用以下命令创建磁盘镜像，如图3-56所示。

```
qemu-img create -f qcow2 /kvm-data/centos7-4.qcow2  10G
```

图3-56　创建磁盘镜像

（2）使用qemu-img info命令可以对刚创建的虚拟磁盘进行查看详细信息。

```
qemu-img info /kvm-data/centos7-4.qcow2
```

（3）创建存储卷后，使用以下命令创建虚拟机，如图3-57所示。

```
virt-install --virt-type kvm --name Centos7-4 --ram 2048
--cdrom=/kvm-data/iso/CentOS-7-x86_64-Minimal-1708.iso --disk
path=/kvm-data/myResorce/
centos7-4.qcow2,size=10,format=qcow2 -w bridge:br0 --graphics vnc,listen=
0.0.0.0
--noautoconsole --os-type=linux --os-variant=rhel7 --force
```

图3-57　virt-install 创建虚拟机

（4）使用以下命令查看虚拟机状态，如图3-58所示。

```
[root@localhost ~]# virsh list --all
 Id    名称                         状态
----------------------------------------------------
 -     Centos7-4                      关闭
 -     centos7.0                      关闭
 -     centos7.0-3                    关闭

[root@localhost ~]# virsh start Centos7-4
域 Centos7-4 已开始
```

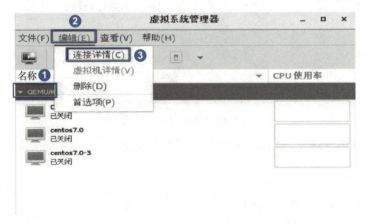

图 3-58　查看虚拟机状态

2. 在virt-manager中创建存储池和存储卷

（1）启动virt-manager后，双击QEMU/KVM连接（或者单击“编辑”→“连接详情”）后，单击存储选项，如图3-59所示。

图 3-59　打开连接详情

（2）单击左下角“+”创建存储池，填写存储池名称，类型使用默认的dir（文件系统目录），单击“前进”按钮，如图3-60所示。

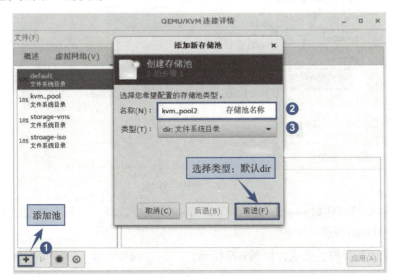

图 3-60　创建存储池

（3）在目标路径单击浏览系统已经存在的目录，选择资源池挂载点，单击"完成"按钮，如图3-61所示。默认的存储池路径在/var/lib/libvirt/images下。

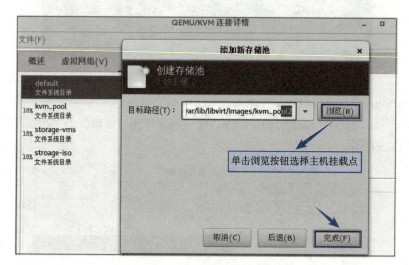

图3-61　选择资源池挂载点

（4）单击新创建的存储池，在图中单击"+"号创建存储卷，如图3-62所示。

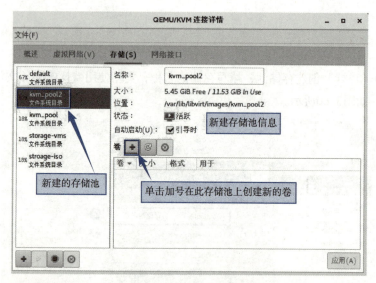

图3-62　创建存储卷

（5）填写存储卷的名称如test02，格式可以从下拉列表中选择，填写存储卷的最大容量，单击"完成"按钮，如图3-63所示。

（6）创建存储池和存储卷完成，如图3-64所示。

单元三　KVM 虚拟化技术应用　173

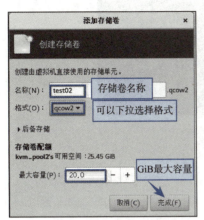

图 3-63　填写存储卷内容

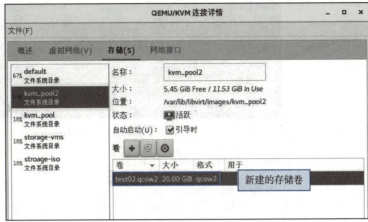

图 3-64　存储卷创建完成

3. 使用virsh创建管理存储

（1）使用命令创建KVM存储池，创建情况如图3-65所示。

```
virsh pool-define-as kvm_pool --type dir  --target /kvm-data/mypool
virsh pool-build kvm_pool
```

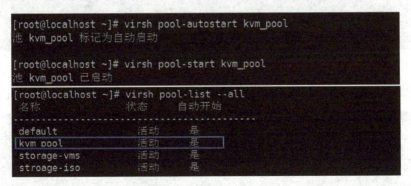

图 3-65　创建存储池

（2）设置为自动启动，启动存储池并查看系统中的存储池，如图3-66所示。

```
virsh pool-autostart kvm_pool
virsh pool-start kvm_pool
virsh pool-list --all
```

图 3-66　启动存储池

（3）查看存储池的信息，查询信息如图3-67所示。

```
virsh pool-info kvm_pool
```

```
[root@localhost ~]# virsh pool-info kvm_pool
名称:           kvm_pool
UUID:           33a8b447-20f7-4553-8d55-3364ca90f278
状态:           running
持久:           是
自动启动:       是
容量:           99.95 GiB
分配:           18.12 GiB
可用:           81.83 GiB
```

图 3-67　查询信息

（4）如果要删除存储池，可执行以下操作。

```
virsh pool-destroy  kvm_pool
virsh pool-undefine kvm_pool
virsh pool-delete   kvm_pool
```

（5）在刚创建的存储池kvm_pool上创建数据卷，并查看数据卷信息，如图3-68所示。

```
virsh vol-create-as kvm_pool test02.qcow2 20G --format qcow2
virsh vol-info /kvm-data/mypool/test02.qcow2
```

```
[root@localhost ~]# virsh vol-create-as kvm_pool test02.qcow2 20G --format qcow2
创建卷 test02.qcow2

[root@localhost ~]# virsh vol-info /kvm-data/mypool/test02.qcow2
名称:           test02.qcow2
类型:           文件
容量:           20.00 GiB
分配:           196.00 KiB
```

图 3-68　创建数据卷

（6）创建的数据卷就可以用来创建虚拟机或者将存储卷附加到虚拟机，如图3-69所示。

virsh attach-disk centos7-4　/kvm-data/mypool/test02.qcow2 vdb --cache=none --subdriver=qcow2 --config（加上--config参数数据卷永久生效）

```
[root@localhost ~]# virsh start Centos7-4
域 Centos7-4 已开始

[root@localhost ~]# virsh attach-disk Centos7-4 /kvm-data/mypool/test02.qcow2 vdb --cache=none --subdriver=qcow2
成功附加磁盘
```

图 3-69　附加存储卷

（7）在虚拟机内执行命令lsblk，附加的卷以磁盘的形式显示（vdb），附加结果如图3-70所示。

```
CentOS Linux 7 (Core)
Kernel 3.10.0-693.el7.x86_64 on an x86_64

localhost login: root
Password:
Last login: Fri Feb  4 11:18:39 on tty1
[root@localhost ~]# lsblk
NAME            MAJ:MIN RM  SIZE RO TYPE MOUNTPOINT
sr0              11:0    1 1024M  0 rom
vda             252:0    0   10G  0 disk
├─vda1          252:1    0    1G  0 part /boot
└─vda2          252:2    0    9G  0 part
  ├─centos-root 253:0    0    8G  0 lvm  /
  └─centos-swap 253:1    0    1G  0 lvm  [SWAP]
vdb             252:16   0   20G  0 disk
```

图 3-70　附加结果

子任务2 静态迁移虚拟机

静态迁移即在虚拟机关闭的状态下复制虚拟磁盘文件与配置文件到目标主机的迁移方式,虚拟主机各自使用本地存储存放虚拟机磁盘文件。

本实验主机A的IP地址:192.168.0.110,主机B的IP地址:192.168.0.111。

迁移过程非常简单:将主机A上的虚拟机Centos7-4的xml配置文件与磁盘文件centos7-4.qcow2复制到主机B,实现虚拟机从主机A到主机B的静态迁移。

在主机B上执行以下命令:

```
scp root@192.168.0.110:/etc/libvirt/qemu/centos7-4.xml  /etc/libvirt/qemu
scp root@192.168.0.110:/kvm-data/myResource/centos7-4.qcow2 / kvm-data/myResource/
```

使用以下命令在主机B启动虚拟机:

```
virsh start Centos7-4
virsh autostart Centos7-4
virsh dominfo Centos7-4
```

(本实验的演示略)

思考与实践

(1)KVM中有那3种类型的存储池?它们分别包含哪些类型?
(2)使用qemu-img命令创建1个虚拟机磁盘文件并创建虚拟机。
(3)使用virsh命令创建管理1个资源池和1个数据卷,用创建的数据卷来创建1台虚拟机。
(4)动手完成静态迁移虚拟机(参考子任务2)。

单元四

开源云平台 OpenStack 部署

项目一　OpenStack 的架构及简单部署

项目导入

视频

OpenStack 的架构及简单部署

小张对 KVM 虚拟化技术进行了深入的学习，已经系统掌握了 KVM 虚拟化技术。但是怎样将这些设备整合进行统一管理？除了 vSphere 还有哪些开源管理平台可以使用？经过了解 OpenStack 是当今最具影响力的云计算管理工具，通过命令或者基于 Web 的可视化控制面板来管理 IaaS 云端的资源池（服务器、存储和网络）。OpenStack 系统或其演变版本目前被广泛应用在各行各业，包括自建私有云、公共云、租赁私有云及混合云，并且默认支持 KVM。最后小张将 OpenStack 云计算管理平台确定为学习的目标。由于 OpenStack 组件众多，部署较为困难，鉴于篇幅有限，我们主要从 OpenStack 部署、网络、存储等几方面进行简单介绍，让大家达到入门的程度。

学习目标

- 了解 OpenStack 云计算管理平台。
- 了解 OpenStack 架构及其组件的作用。
- 掌握 DevStack 简单部署。

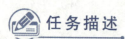　　任务1　认识 OpenStack

任务描述

学习了KVM相关的技术之后，我们就不得不提OpenStack。二者是什么关系呢？其实Openstack

是一个开源的云计算管理平台，其本身并不提供虚拟化功能，真正的虚拟化能力是由底层的 Hypervisor（如KVM、Qemu、Xen等）提供，KVM常常成为默认的虚拟机管理程序。OpenStack是一个具有巨大的行业发展动力，并拥有一个充满活力的社区的云计算平台，有95%的OpenStack平台由KVM驱动。本任务我们对OpenStack进行介绍。

任务目标

- 了解OpenStack概念。
- 了解OpenStack的核心组件、全局组件、外部辅助组件。

知识学习

一、OpenStack 认知

OpenStack是一个开源的云计算管理平台项目，是一系列软件开源项目的组合。它由NASA（美国国家航空航天局）和Rackspace合作研发并发起，是以Apache许可证（Apache软件基金会发布的一个自由软件许可证）授权的开源代码项目。OpenStack既是一个社区，也是一个项目和一个开源软件，它提供了一个部署云的操作平台或工具集，用于编排云。OpenStack几乎支持所有的虚拟化管理程序，不论是开源的（Xen与KVM）还是厂商的（Hyper-V与VMware）。

二、OpenStack 架构

1. OpenStack概念架构

图4-1为OpenStack概念架构图，图中从架构维度来划分组件，可分为全局组件、核心组件、辅助组件。

图4-1中的核心为虚拟机，所有组件围绕虚拟机，为它提供服务。各类型组件的具体功能如下。

1）全局组件

keystone：为所有服务模块提供认证与授权。

ceilometer：度量、监控所有数据资源。

horizon：UI平台管理，提供一个web管理页面，与底层交互。

2）辅助组件

ironic提供裸金属环境。

trove提供管理数据库服务（控制关系型和非关系型数据库）。

heat，sahara 提供对数据管理和编排。

3）核心组件

glance：提供镜像服务。

neutron：提供网络服务。

swift：提供对象存储资源。

cinder：提供块存储资源。

nova：管理实例的生命周期，并负责调取以上四个资源给虚拟机使用。

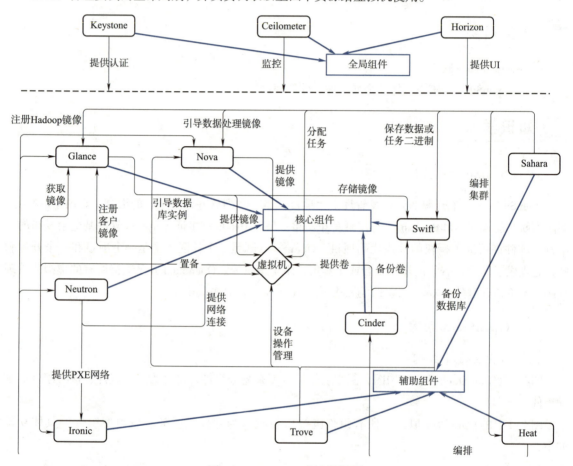

图 4-1　OpenStack 概念架构图

2. OpenStack物理架构

图4-2为OpenStack物理架构图，图中主要依据功能进行划分，可分为四种类型的节点：控制节点、网络节点、计算节点和存储节点。

各类型节点的具体功能如下。

（1）控制节点：掌控全局，分发任务，主要管理其他节点，包括实例创建、迁移、网络分配、存储分配等。

（2）网络节点：提供了OpenStack内部各组件之间的通信。

（3）计算节点：负责具体的实例创建、资源管理、精细化的具体操作。

（4）存储节点：提供存储服务。

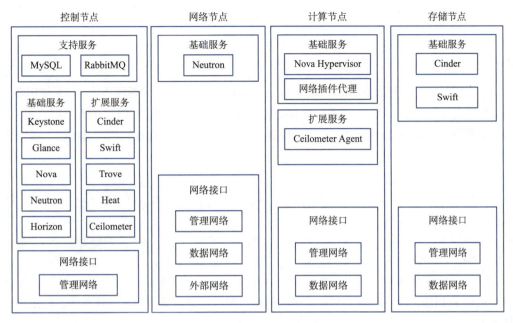

图 4-2 OpenStack 物理架构图

思考与实践

（1）OpenStack 和 KVM 之间的关系是什么？
（2）简述 OpenStack 的主要组件和功能。

任务 2　使用 DevStack 简单部署 OpenStack

任务描述

OpenStack 的部署对于新人来说是比较困难的，同时也客观上提高了大家学习 OpenStack 云计算技术的门槛。对于个人来说，除使用手动部署外，一般使用 DevStack 或者 Rdo 等工具部署；对于企业团体来说，一般有 Puppet、Ansible、SaltStack、TripleOKolla 等工具。本课程因为针对的是初学者，在本任务中我们使用 DevStack 来部署 OpenStack。DevStack 部署可以参考官方文档：https://docs.openstack.org/devstack/latest/。根据官方推荐，我们使用 Ubuntu 20.04 进行安装。

任务目标

- 了解 OpenStack 的主要部署方式。
- 掌握 Ubuntu 20.04 软件源的更换。
- 掌握更换 PyPI 源的方法。
- 掌握 DevStack 安装 OpenStack 的步骤和方法。

 任务实施

子任务1 环境准备

（1）本实验环境在物理服务器上安装Ubuntu 20.04操作系统作为实验基础环境。如果使用虚拟机尽量确保虚拟机内存8 GB及以上、处理器内核数设置6以上、存储设置30 GB以上，并开启虚拟化引擎。

（2）如果网络原因可以更换国内华为软件源（如果网络良好，建议使用默认的源，保证官方库最新）。

```
sudo cp -a /etc/apt/sources.list  /etc/apt/sources.list.bak
sudo sed -i "s@http://.*archive.ubuntu.com@http://repo.huaweicloud.com@g" /etc/apt/sources.list
sudo sed -i "s@http://.*security.ubuntu.com@http://repo.huaweicloud.com@g" /etc/apt/sources.list
sudo apt-get update
```

（3）更换 PyPI源，这一项主要是针对国内网络情况（如果网络良好不建议更换，使用官方的能保证最新）。

① 创建.pip目录，在.pip目录下创建pip.conf文件。

```
sudo mkdir .pip
sudo vim .pip/pip.conf
```

在pip.conf文件中添加以下内容。

```
[global]
index-url = https://repo.huaweicloud.com/repository/pypi/simple
trusted-host = repo.huaweicloud.com
```

子任务2 DevStack 部署 OpenStack

（1）安装git、python、bridge-utils，查看pip和git安装情况。

```
sudo apt-get install bridge-utils git python3-pip -y
pip -V 或 pip3 -V
```

（2）创建stack用户（DevStack 应该以启用 sudo 的非 root 用户身份运行）。

① 创建stack用户。

```
sudo useradd -s /bin/bash -d /opt/stack -m stack
```

② 由于要对系统进行许多更改，授予stack用户sudo权限。

```
echo "stack ALL=(ALL) NOPASSWD: ALL" | sudo tee /etc/sudoers.d/stack
```

③ 切换到stack用户。

```
sudo su - stack
```

（3）下载 DevStack。

① 使用git下载devstack到/opt/stack/下。

```
git clone https://opendev.org/openstack/devstack
```

② 切换到devstack目录下。

```
cd devstack
```

（4）创建 local.conf 文件。

local.conf在 devstack的根目录中创建一个预先设置了四个密码的文件，这是开始使用 DevStack 所需的最低配置。

① 在devstack根目录下添加local.conf文件。

```
vim local.conf
```

② 在local.conf文件中添加以下内容。

```
[[local|localrc]]
ADMIN_PASSWORD=andy123456
DATABASE_PASSWORD=$ADMIN_PASSWORD
RABBIT_PASSWORD=$ADMIN_PASSWORD
SERVICE_PASSWORD=$ADMIN_PASSWORD
```

（5）开始安装程序。

在devstack目录下执行stack.sh脚本：./stack.sh。

安装时间较长，安装时长主要取决于互联网的连接速度，如出现以下界面表示已完成，如图4-3所示。

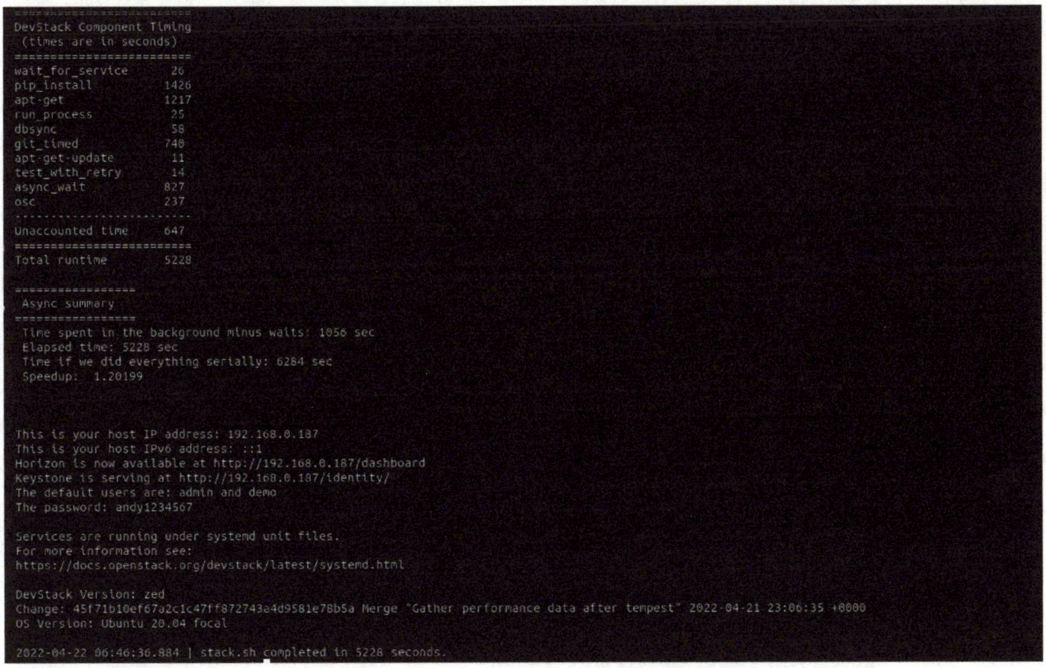

图 4-3　devStack 安装 OpenStack

（6）配置环境变量。

① 创建admin-openrc.sh文件。

vim admin-openrc.sh

② 添加以下信息，请根据实际情况修改密码及IP。

```
export OS_USERNAME=admin
export OS_PASSWORD=andy123456
export OS_PROJECT_NAME=admin
export OS_USER_DOMAIN_NAME=Default
export OS_PROJECT_DOMAIN_NAME=Default
export OS_AUTH_URL=http://192.168.0.187/identity
export OS_IDENTITY_API_VERSION=3
```

子任务3 安装后验证

（1）查看各服务状态，如图4-4所示。

```
sudo systemctl status "devstack@*"
```

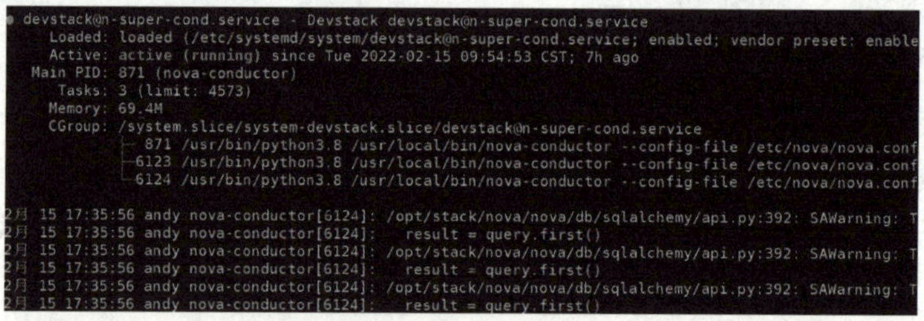

图4-4 服务状态

（2）查看服务列表和网络代理，操作过程如图4-5和图4-6所示。

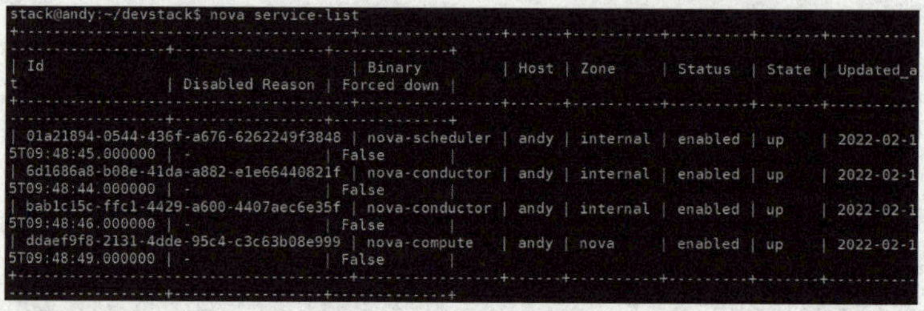

图4-5 服务列表

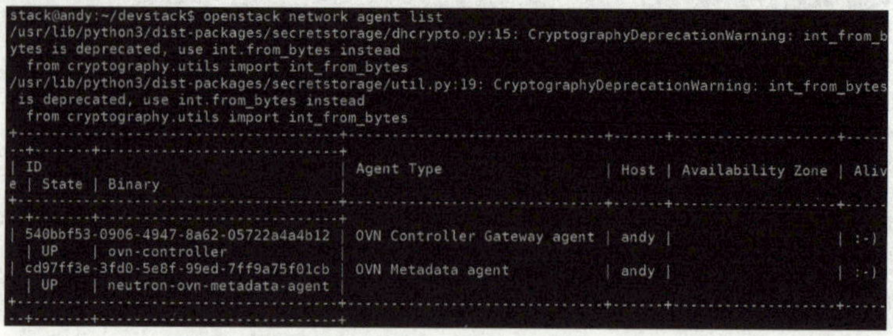

图4-6 网络代理

```
#加载环境变量脚本
source admin-openrc.sh
#查看服务列表
nova service-list
#查看网络代理
openstack network agent list
```

（3）在浏览器输入http://192.168.0.187 或者 http://192.168.0.187/dashboard 进行访问，输入用户名和密码进行登录，如图4-7所示。

图4-7　登录界面

（4）登录成功后，显示界面如图4-8所示。

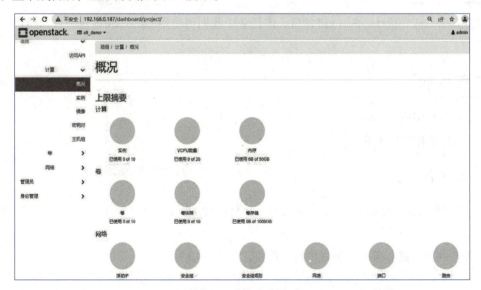

图4-8　登录成功界面

思考与实践

（1）准备Ubuntu 20.04物理机或者虚拟机一台，更换国内软件源，并更换PyPI源。
（2）完成DevStack部署OpenStack（参考子任务2）。
（3）对已完成安装的OpenStack平台进行验证，并登录dashboard。

项目二　OpenStack 简单运用

项目导入

小张对OpenStack云计算管理平台有了较深刻的理解，并进行了简单部署。接下来将学习OpenStack的简单运用。

学习目标

- 掌握项目和用户的创建。
- 掌握OpenStack网络创建。
- 掌握OpenStack创建实例。

任务1　OpenStack 创建项目和用户

任务描述

在使用DevStack完成OpenStack搭建后，本任务中我们将使用dashboard创建项目和用户，并关联项目和用户。

任务目标

- 掌握项目和用户的创建。
- 掌握项目和用户的关联。

任务实施

（1）首先使用管理员登录dashboard，单击"身份管理"→"项目"→"创建项目"，如图4-9所示。
（2）填写项目信息，单击"创建项目"按钮，如图4-10所示。

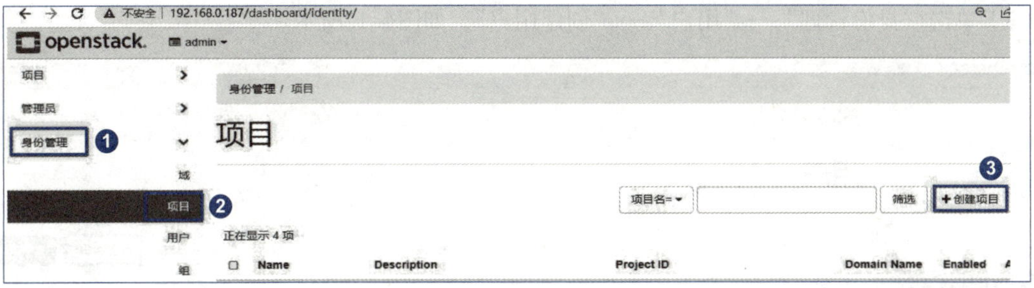

图 4-9　创建项目

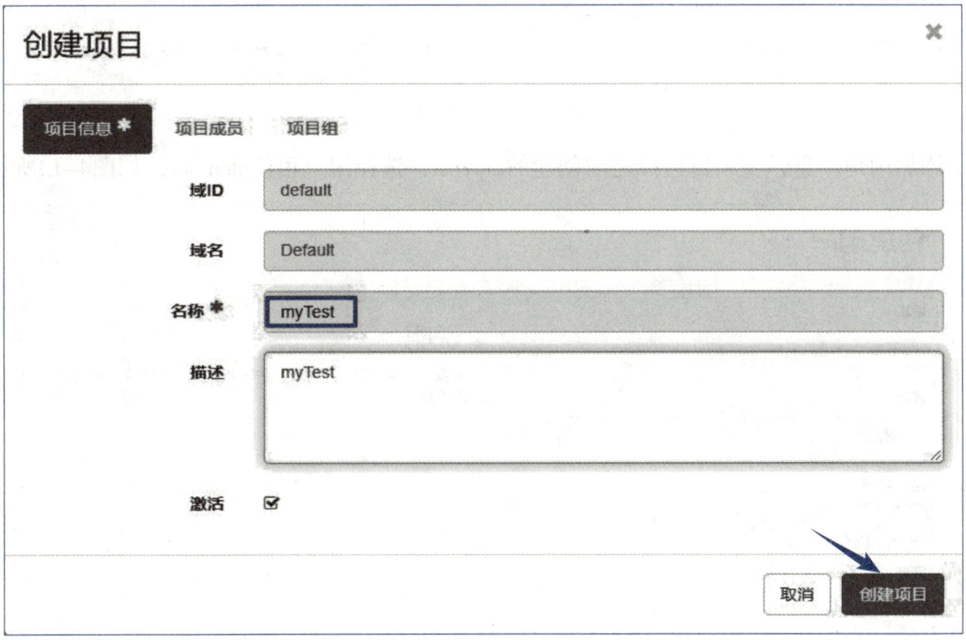

图 4-10　填写项目信息

在项目列表中可以看到新创建的项目，如图4-11所示。

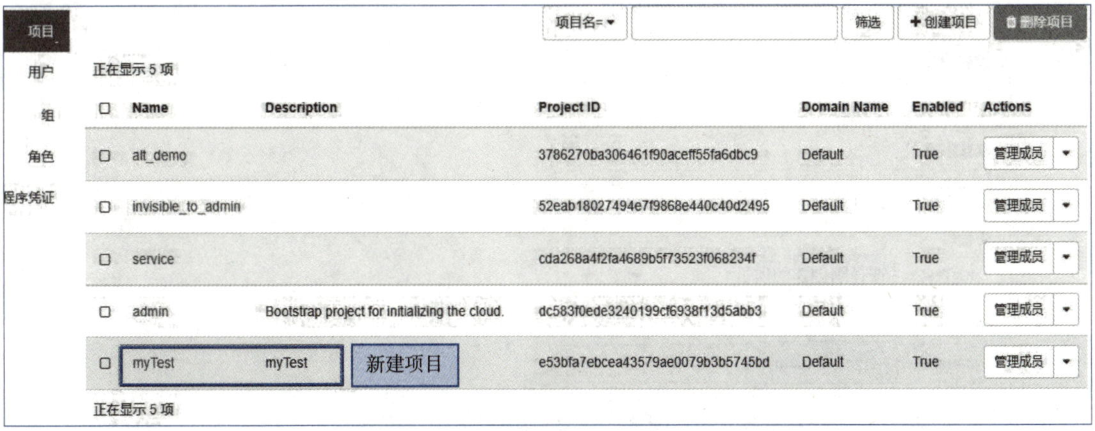

图 4-11　项目列表

（3）单击"身份管理"→"用户"→"创建用户"，如图4-12所示。

图 4-12　创建用户

（4）添加用户信息，主项目选择之前创建的myTest，选择用户角色member，如图4-13所示。

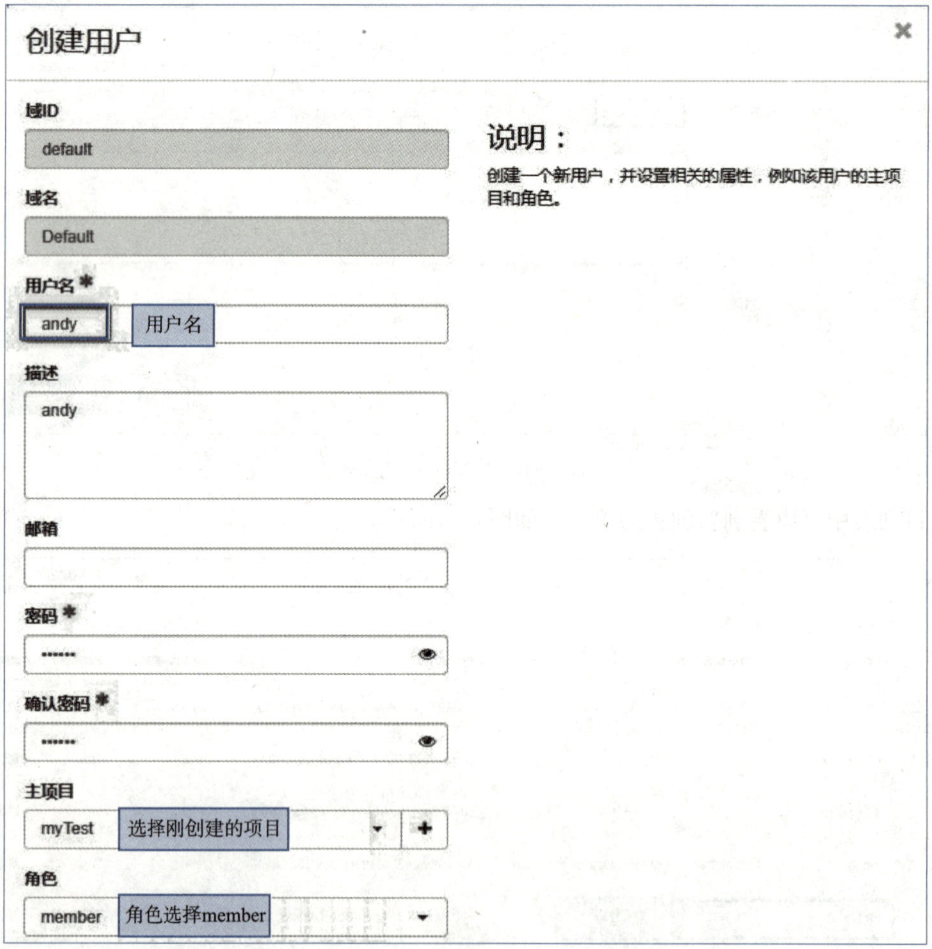

图 4-13　添加用户信息

在用户列表中可以看到刚创建的用户andy，如图4-14所示。

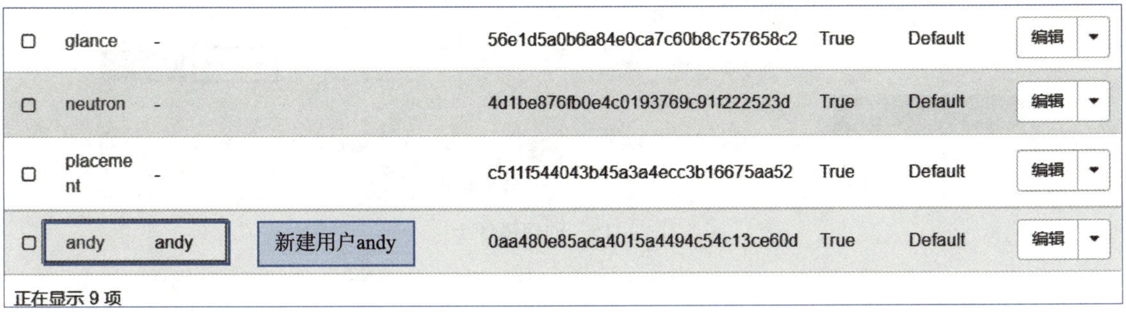

☐	glance	-	56e1d5a0b6a84e0ca7c60b8c757658c2	True	Default	编辑 ▼
☐	neutron	-	4d1be876fb0e4c0193769c91f222523d	True	Default	编辑 ▼
☐	placement	-	c511f544043b45a3a4ecc3b16675aa52	True	Default	编辑 ▼
☐	andy　andy	新建用户andy	0aa480e85aca4015a4494c54c13ce60d	True	Default	编辑 ▼

正在显示 9 项

图 4-14　用户列表

思考与实践

浏览器登录dashboard，创建项目和用户，创建用户时关联项目。

●●●● 任务2　镜像和网络环境准备 ●●●●

任务描述

创建虚拟机实例需要有网络环境。在本任务中我们将准备镜像，使用Devstack搭建的OpenStack默认网络环境完成实例创建前网络、路由、安全组、浮动IP准备工作。

任务目标

- 掌握镜像的上传。
- 掌握网络和路由的设置。
- 掌握安全组的创建。
- 掌握浮动IP的分配。

任务实施

（1）使用admin用户登录后，切换到demo项目，选择左侧菜单"项目"→"计算"→"镜像"，单击"创建镜像"按钮后，可以添加本地镜像文件，如图4-15所示。

（2）编辑基本信息后单击"创建镜像"按钮即可，如图4-16所示。

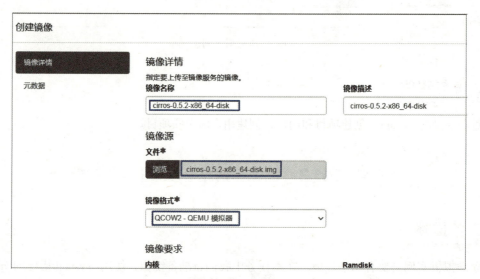

图 4-15　创建镜像 1

图 4-16　创建镜像 2

（3）镜像创建成功后，可以在列表中显示，如图4-17所示。

图 4-17　镜像列表

（4）实例的网络使用devstack搭建的OpenStack环境中的默认网络。如图4-18所示的网络列表中，public是系统中的外部网络，private是内部网络，也是实例将要用到的网络。

图 4-18　网络列表

（5）项目路由以及拓扑图如图4-19、图4-20所示。

图 4-19　路由列表

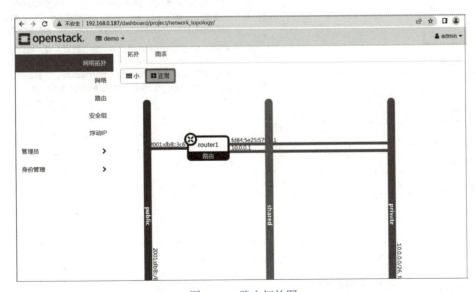

图 4-20　路由拓扑图

（6）创建一个安全组，如图4-21所示。

图 4-21　创建安全组

（7）输入安全组名称Sec-TestVM01，创建安全组后，单击Sec-TestVM01，给安全组添加一个规则，允许22号端口访问，如图4-22所示。

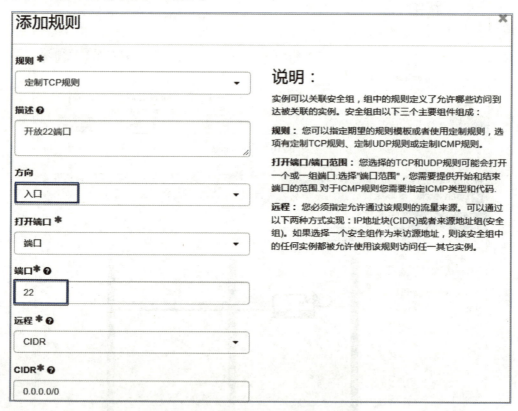

图 4-22　添加规则

（8）创建完成的安全组如图4-23所示。

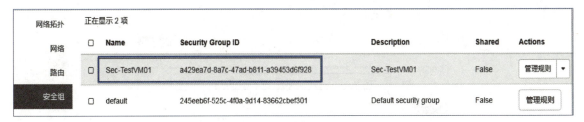

图 4-23　安全组列表

（9）在浮动IP选项，单击"分配IP给项目"按钮，如图4-24所示。

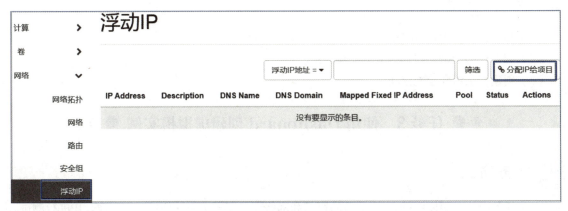

图 4-24　分配 IP 给项目

（10）在资源池选项选择public，单击"分配IP"按钮，如图4-25所示。

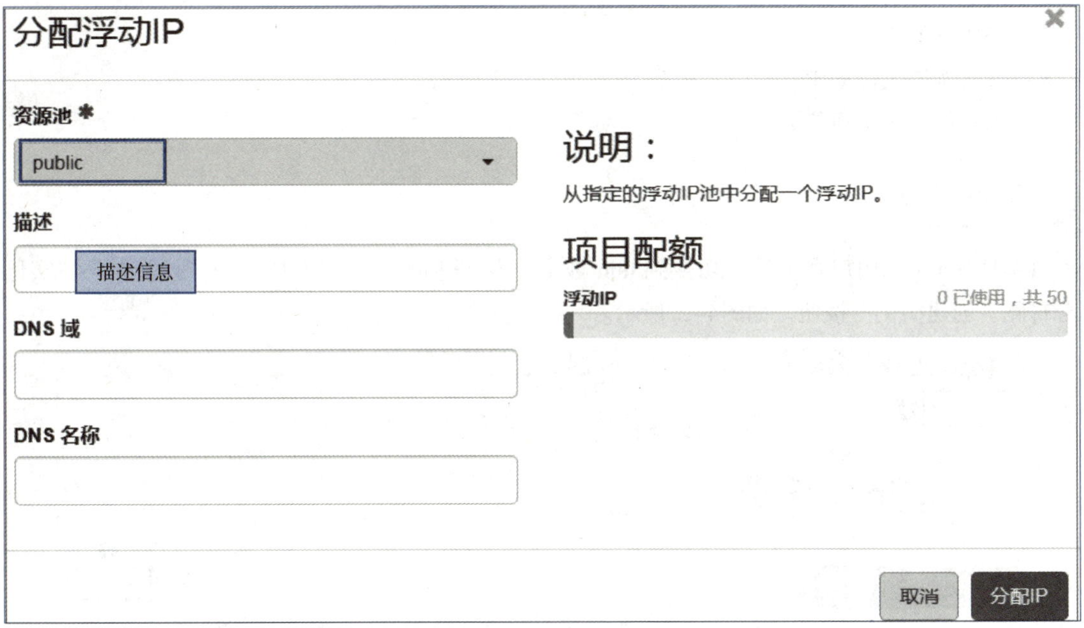

图 4-25　选择资源池

分配完成后如图4-26所示。

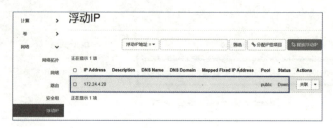

图 4-26　分配浮动 IP

思考与实践

（1）在项目中上传1个镜像。
（2）配置外部网络、内部网络、配置路由。
（3）创建安全组和分配浮动IP。

任务 3　使用 Dashboard 创建虚拟机实例

任务描述

在本任务中，我们使用任务2中准备的镜像和网络环境完成实例的创建，绑定浮动IP进行测试。

任务目标

- 掌握实例的创建。
- 掌握实例绑定浮动IP。
- 掌握实例和主机通信。

任务实施

（1）使用admin用户登录后，切换到demo项目，选择左侧菜单"项目"→"计算"→"实例"，单击右侧"创建实例"按钮，如图4-27所示。

图 4-27　创建实例

（2）在"详情"选项中填写实例名称数量等信息，如图4-28所示。

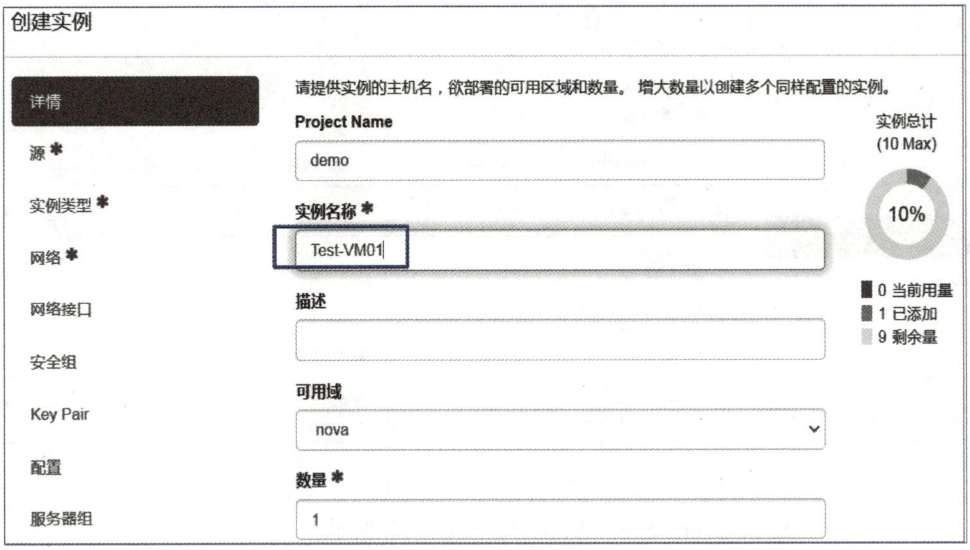

图 4-28　详情编辑

（3）在"源"选项中选择系统自带镜像,设置卷大小，如图4-29所示。

图 4-29　配置源

（4）选择实例类型为m1.tiny，如图4-30所示。

图 4-30　选择类型

（5）选择网络时我们在此选择内部网络private，如图4-31所示。

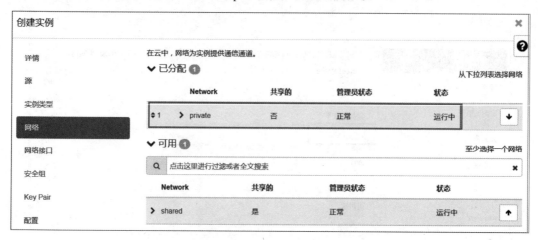

图4-31 选择网络

（6）选择安全组，选项选择刚创建的安全组，如图4-32所示。

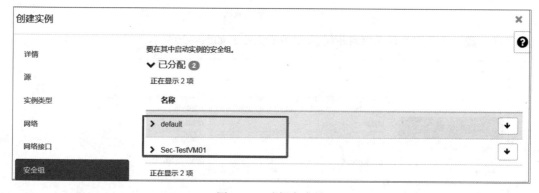

图4-32 选择安全组

（7）选择密钥对，如图4-33所示。

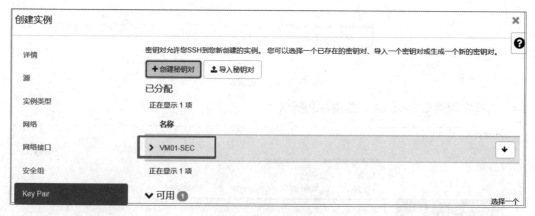

图4-33 选择密钥对

（8）单击"创建实例"按钮，等待创建完成，如图4-34所示。

图 4-34　完成实例创建

（9）网络拓扑，如图4-35所示。

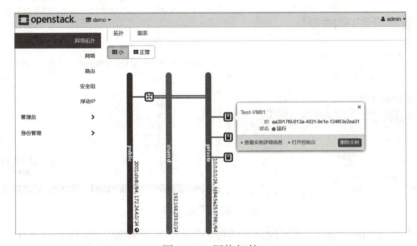

图 4-35　网络拓扑

（10）在控制台打开实例，如图4-36所示。

图 4-36　控制台打开

（11）实例创建成功后，在"浮动IP"选项单击右侧的"关联"按钮，如图4-37所示。

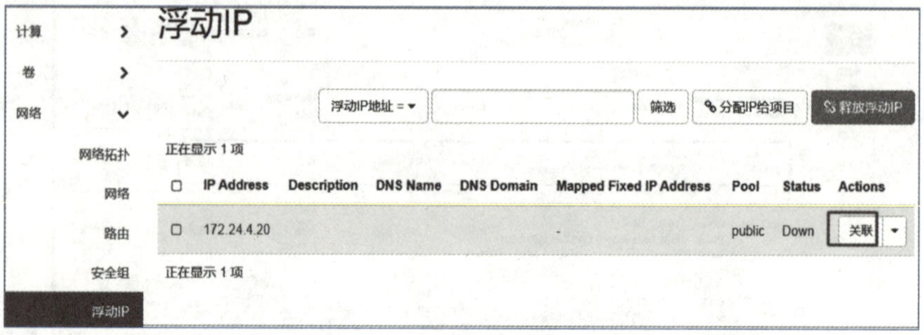

图 4-37　关联浮动 ip

（12）选择绑定端口，选择上面创建的实例Test-VM01，单击"关联"按钮，如图4-38所示。

图 4-38　绑定实例

（13）默认的devstack单机部署的环境创建是一个与主机隔离的环境。Public网络范围为172.24.4.0/24，网关为 172.24.4.1。private网络范围是 10.0.0.0/22；由neutron控制br-ex所有网络接口（不连接到任何物理接口）。此时创建的三台实例是可以相互通信的。如果想让虚拟机实例和外部进行通信在本任务中还需（14）~（16）步骤的设置。

（14）启用另一块网卡，ip地址设置成192.168.0.187/24，原网卡IP地址设置成172.24.4.187/24，网关为172.24.4.1，更改IP地址后的网络信息如图4-39所示。

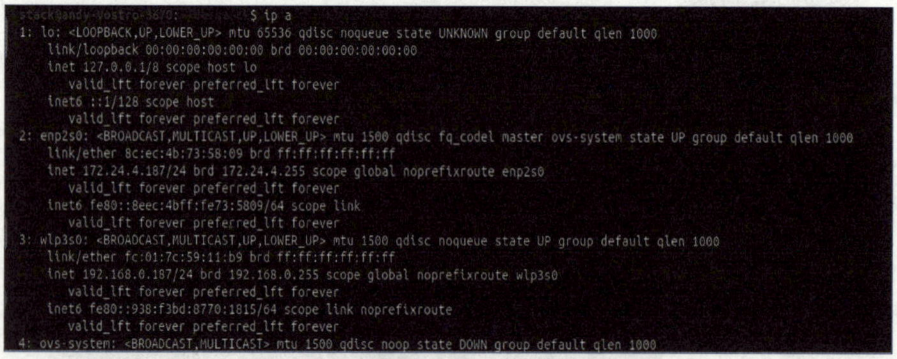

图 4-39　网卡设置 IP 地址

（15）修改neutron配置将tenent-network-type修改为flat，如图4-40、图4-41所示；将enp2s0关联到br-ex上；将原enp2s0网卡的IP地址清除，在br-ex上设置IP地址，并开启br-ex，如图4-42、图4-43所示。

① 修改neutron配置文件。

```
stack@andy-Vostro-3670:~/devstack$ vim /etc/neutron/plugins/ml2/ml2_conf.ini
stack@andy-Vostro-3670:~/devstack$
```

图 4-40　修改 neutron 配置文件 1

```
[ml2]
#tenant_network_types = geneve
tenant_network_types = flat
extension_drivers = port_security,qos
type_drivers = local,flat,vlan,geneve
mechanism_drivers = ovn,logger
```

图 4-41　修改 neutron 配置文件 2

② br-ex添加端口，如图4-42所示。

```
stack@andy-Vostro-3670:~/devstack$ sudo ovs-vsctl add-port br-ex enp2s0
stack@andy-Vostro-3670:~/devstack$ sudo ovs-vsctl show
6f4ac1e2-fa15-4449-8c16-03ae46704934
    Manager "ptcp:6640:127.0.0.1"
        is_connected: true
    Bridge br-int
        fail_mode: secure
        datapath_type: system
        Port tapae118d8c-10
            Interface tapae118d8c-10
        Port tap77fc1f62-d9
            Interface tap77fc1f62-d9
                error: "could not open network device tap77fc1f62-d9 (No such device)"
        Port tapd8c1d3cd-8f
            Interface tapd8c1d3cd-8f
        Port br-int
            Interface br-int
                type: internal
        Port tap4745b525-96
            Interface tap4745b525-96
        Port tapb8e553b7-73
            Interface tapb8e553b7-73
                error: "could not open network device tapb8e553b7-73 (No such device)"
        Port patch-br-int-to-provnet-5b784fc5-5458-4f38-a47b-50ad249a12e2
            Interface patch-br-int-to-provnet-5b784fc5-5458-4f38-a47b-50ad249a12e2
                type: patch
                options: {peer=patch-provnet-5b784fc5-5458-4f38-a47b-50ad249a12e2-to-br-int}
    Bridge br-ex
        Port patch-provnet-5b784fc5-5458-4f38-a47b-50ad249a12e2-to-br-int
            Interface patch-provnet-5b784fc5-5458-4f38-a47b-50ad249a12e2-to-br-int
                type: patch
                options: {peer=patch-br-int-to-provnet-5b784fc5-5458-4f38-a47b-50ad249a12e2}
        Port br-ex
            Interface br-ex
                type: internal
        Port enp2s0
            Interface enp2s0
    ovs_version: "2.13.5"
```

图 4-42　修改 neutron 配置文件 2

③ 启用br-ex，如图4-43所示。

```
stack@andy-Vostro-3670:~/devstack$ sudo ip link set br-ex up
```

图 4-43　启用 br-ex

④ 在br-ex配置ip地址，如图4-44、图4-45所示。

```
stack@andy-Vostro-3670:~/devstack$ sudo ip addr del 172.24.4.187/24 dev enp2s0
stack@andy-Vostro-3670:~/devstack$
```

图 4-44　删除原网卡 IP 地址

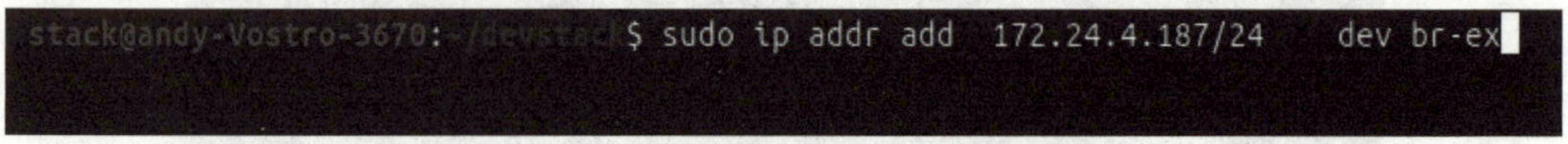

```
stack@andy-Vostro-3670:~/devstack$ sudo ip addr add 172.24.4.187/24 dev br-ex
```

图 4-45　在 br-ex 配置 IP 地址

（16）在实例中ping网关10.0.0.1、浮动IP地址172.24.4.20、主机172.24.4.187进行通信测试。

① 虚拟机实例ping浮动IP地址，如图4-46所示。

```
⚠ 不安全 | 192.168.0.187:6080/vnc_lite.html?path=%3Ftoken%3D142b460e-7e80-47
                            Connected to QEMU (instance-00000005)
$ ping 172.24.4.20
PING 172.24.4.20 (172.24.4.20): 56 data bytes
64 bytes from 172.24.4.20: seq=0 ttl=62 time=2.585 ms
64 bytes from 172.24.4.20: seq=1 ttl=62 time=0.992 ms
64 bytes from 172.24.4.20: seq=2 ttl=62 time=1.370 ms
64 bytes from 172.24.4.20: seq=3 ttl=62 time=0.590 ms
64 bytes from 172.24.4.20: seq=4 ttl=62 time=0.548 ms
64 bytes from 172.24.4.20: seq=5 ttl=62 time=0.578 ms
```

图 4-46　实例 ping 浮动 IP

② 虚拟机实例ping主机，如图4-47所示。

```
⚠ 不安全 | 192.168.0.187:6080/vnc_lite.html?path=%3Ftoken%3D142b460e-7e80-473
                            Connected to QEMU (instance-00000005)
$ ping 172.24.4.187
PING 172.24.4.187 (172.24.4.187): 56 data bytes
64 bytes from 172.24.4.187: seq=0 ttl=63 time=1.853 ms
64 bytes from 172.24.4.187: seq=1 ttl=63 time=1.154 ms
64 bytes from 172.24.4.187: seq=2 ttl=63 time=0.487 ms
64 bytes from 172.24.4.187: seq=3 ttl=63 time=0.432 ms
64 bytes from 172.24.4.187: seq=4 ttl=63 time=0.436 ms
```

图 4-47　实例 ping 主机

（17）在主机上ping浮动IP地址（172.24.4.20），以及使用cirros账号ssh登录到实例进和另一台实例（10.0.0.11）行通信测试。

① 主机ping浮动IP地址，如图4-48所示。

```
stack@andy-Vostro-3670:~/devstack$ ping 172.24.4.20
PING 172.24.4.20 (172.24.4.20) 56(84) bytes of data.
64 字节，来自 172.24.4.20: icmp_seq=1 ttl=63 时间=1.66 毫秒
64 字节，来自 172.24.4.20: icmp_seq=2 ttl=63 时间=1.15 毫秒
64 字节，来自 172.24.4.20: icmp_seq=3 ttl=63 时间=0.391 毫秒
64 字节，来自 172.24.4.20: icmp_seq=4 ttl=63 时间=0.486 毫秒
64 字节，来自 172.24.4.20: icmp_seq=5 ttl=63 时间=0.272 毫秒
```

图 4-48　主机 ping 浮动 IP

② 主机创建cirros账户并ssh远程登录到实例，如图4-49所示。

```
root@andy-Vostro-3670:/home/andy/桌面# useradd cirros
root@andy-Vostro-3670:/home/andy/桌面# passwd cirros
新的 密码：
重新输入新的 密码：
passwd: 已成功更新密码
root@andy-Vostro-3670:/home/andy/桌面# su cirros
$ ssh 172.24.4.20
Could not create directory '/home/cirros/.ssh'.
The authenticity of host '172.24.4.20 (172.24.4.20)' can't be established.
ECDSA key fingerprint is SHA256:lna/YOAlRnPoPW0Pyxbnhp8bSDfIi3vGmullWz7jekU.
Are you sure you want to continue connecting (yes/no/[fingerprint])? yes
Failed to add the host to the list of known hosts (/home/cirros/.ssh/known_hosts).
cirros@172.24.4.20's password:
$ pwd
/home/cirros
```

图 4-49　主机 ssh 到实例

③ 远程登录到实例后，ping另一台实例进行测试，如图4-50所示。

```
$ ping 10.0.0.11
PING 10.0.0.11 (10.0.0.11): 56 data bytes
64 bytes from 10.0.0.11: seq=0 ttl=64 time=2.296 ms
64 bytes from 10.0.0.11: seq=1 ttl=64 time=1.341 ms
64 bytes from 10.0.0.11: seq=2 ttl=64 time=0.900 ms
64 bytes from 10.0.0.11: seq=3 ttl=64 time=0.392 ms
^C
```

图 4-50　远程登录 ping 另一台实例

思考与实践

（1）创建1个虚拟机实例。
（2）将刚创建实例绑定浮动IP。
（3）实现主机和虚拟机实例互通。

单元五
桌面虚拟化技术应用

项目一　VDI 和主流 VDI 虚拟化平台

项目导入

随着公司行政和人力资源岗位员工数量的增加,相应的办公设备也需增加,然而公司还有服务器和许多性能落后的 PC 设备闲置。为充分利用资源,避免设备反复采购、淘汰再采购而降低成本,减少能源浪费,小张提出使用现有设备搭建 VMware Horizon 虚拟桌面来解决以上的问题,得到了领导的赞同。

学习目标

- 了解 VDI 和桌面虚拟化。
- 了解 VMware Horizon 架构及其组件。

视频

桌面虚拟化和VDI介绍

●●●● 任务1　桌面虚拟化和 VDI 介绍 ●●●●

任务描述

桌面虚拟化技术将计算机的终端系统进行虚拟化,达到桌面使用的安全性和灵活性。可以通过任何设备,在任何时间、任何地点通过网络访问属于个人的桌面系统。在本任务中,我们将了解桌面虚拟化以及VDI虚拟化架构。

任务目标

- 了解桌面虚拟化。

- 了解VDI虚拟桌面架构。

 知识学习

一、桌面虚拟化介绍

桌面虚拟化是指将计算机的终端系统（也称作桌面）进行虚拟化，以达到桌面使用的安全性和灵活性。桌面虚拟化是一个综合性的IT技术，它集成了服务器虚拟化、虚拟桌面、虚拟应用、打包应用、桌面虚拟化通信协议等多种IT技术。而常说的"虚拟桌面"其实只是桌面虚拟化的一个子集。它可以通过任何设备，在任何地点，任何时间通过网络访问属于我们个人的桌面系统。当前我国市场的桌面云项目越来越多，目前以桌面云为基础的厂商产品主要有Citrix Xendesktop、VMware Horizon View、华为的FusionCloud、深信服、中兴iECS和ZStack等。本课程主要讲述VMware Horizon View云桌面架构。

二、VDI虚拟桌面架构

VDI的中文译名是虚拟桌面基础架构，全称Virtual Desktop Infrastructure。VDI虚拟桌面架构与传统的企业PC客户端服务器架构不同，VDI将操作系统及应用程序统一存放在数据中心的服务器及存储设备中，后台建立虚拟机池，提供给不同用户和不同终端（包括以前无法安装使用桌面电脑应用的移动设备）。VDI一般包含用户访问层、虚拟架构服务层、存储服务层，其架构示意图如图5-1所示。

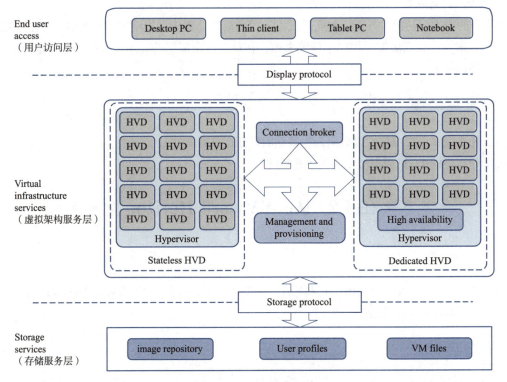

图 5-1　VDI 架构示意图

对于用户而言，这意味着可以在任何地点接入桌面环境，不被客户端地理环境限制。对管理员来说，这意味着一个更加集中化、高效的客户端环境，可以快速高效地管理和响应用户及业务的需求变化。

三、桌面虚拟化的优势

1. 随时随地访问

用户在远程客户端工作时相应的操作系统、应用程序以及用户数据等都集中管理、运行和保存，实现在任何地点和任何时间通过非特定设备（如不同的台式机、笔记本、瘦终端、PDA、甚至手机），都可以访问和操作在网络中属于个人的桌面系统。

2. 集中化管理

桌面虚拟化的管理是集中化的，它通过统一控制中心管理成千上万的虚拟桌面，所有的更新、打补丁只需要更新"基础镜像"即可实现。

3. 安全性高

桌面虚拟化将所有的数据和运算集中在服务器端进行，客户端只显示变化的影像，所以不用担心客户端非法窃取资料，尤其是避免了通过USB设备复制、硬件盗用、硬件设备丢失等问题。

4. 绿色环保

传统的个人计算机存在功耗过大的问题，通常一台普通PC的功率在200 W左右，即使处于空闲状态，PC的功率也在100 W左右。按照每天工作10个小时，每年240天的工作计算，初步统计每台计算机的耗电量为480度/年。使用桌面虚拟化后，耗电量将大为减少。

5. 减少总拥有成本

IT资产的成本包括很多方面，如购买成本、生命周期管理成本、维护修理成本、能量消耗成本、硬件更新成本等。桌面虚拟化相比于传统桌面，在整个生命周期的管理、维护、能量消耗等方面可以极大地降低成本。

思考与实践

（1）什么是桌面虚拟化？以桌面云为基础的厂商产品有哪些？

（2）什么是VDI？桌面虚拟化的优势有哪些？

●●●● 任务 2　认识 VMware Horizon ●●●●

任务描述

在任务1中我们了解了桌面虚拟化和VDI。在本任务中，我们将对VMware Horizon产品及其组件进行学习，了解Horizon主要组件的功能。

任务目标

- 了解VMware Horizon。

- 了解VMware Horizon的组件及其功能。

知识学习

一、VMware Horizon 介绍

VMware Horizon View是VMware公司推出的桌面化产品，支持多种协议RDP、PCOIP、Blast协议。目前VMware Horizon View应用在国内的各行各业，如保险业、教育、金融行业、制造业等。通过Horizon系统，IT部门可以在数据中心部署虚拟化环境，并将这些环境交付给员工使用。最终用户可以获得熟悉的个性化环境，并且可以在企业或家庭网络中的任何地方访问此环境。将桌面数据全部置于数据中心，管理员可以进行集中式管理，同时还能提高效率、增强安全性、降低成本（用户可以使用落后的PC或瘦客户机访问虚拟桌面环境）。

VMware于2019年12月发布Horizon 7.11。在此更新中，VMware宣布不再支持基于Flash的Horizon Administrator，建议使用基于HTML5的Horizon Console。由于Adobe在2020年12月31日之后不再支持Flash Player，所以在本教程中选用Horizon8，以支持HTML5的使用。

截至目前最新版本为Horizon8 2111。本课程选用Horizon8 2006版本,因为此版本是承上启下的一个版本。虽然Horizon8 2006已弃用 View Composer 链接克隆和永久磁盘，但该功能仍存在于软件包中，我们还可以使用此项功能，但官方不建议使用链接克隆启动任何新项目。在新的版本中，将移除View Composer 及相关功能。

二、VMware Horizon 组件

VMware Horizon包含如下组件：Active Directory、客户端设备、Horizon Client 、Horizon连接服务器、Composer 、Horizon Agent、Horizon Console、vCenter Serve，如图5-2所示。

VMware Horizon View各个组件的功能如下。

1）Active Directory（域控制器）

AD的主要功能是用于提供用户认证。

2）客户端设备

客户端设备是用户可以在任何地点使用任何设备（公司的笔记本电脑、家用PC、精简客户端设备、Mac、平板电脑或手机）访问其个性化虚拟桌面或远程应用程序。

3）Horizon Client

用于访问远程桌面和应用程序的客户端软件。可以在平板电脑、电话、Windows、Linux 或 Mac PC 或笔记本电脑、瘦客户端以及更多平台上运行。

4）Horizon 连接服务器

该服务充当客户端连接的Broker（代理人）。Horizon 连接服务器通过Windows Active Directory 对用户进行身份验证，并将请求定向到相应的虚拟机、物理PC或Microsoft RDS主机。连接服务器提供了以下管理功能：

① 用户身份验证；

② 授权用户访问特定的桌面和池；
③ 将通过VMware ThinApp打包的应用程序分配给特定桌面和池；
④ 管理远程桌面和应用程序会话；
⑤ 在用户和远程桌面及应用程序之间建立安全连接；
⑥ 支持单点登录；
⑦ 设置和应用策略。

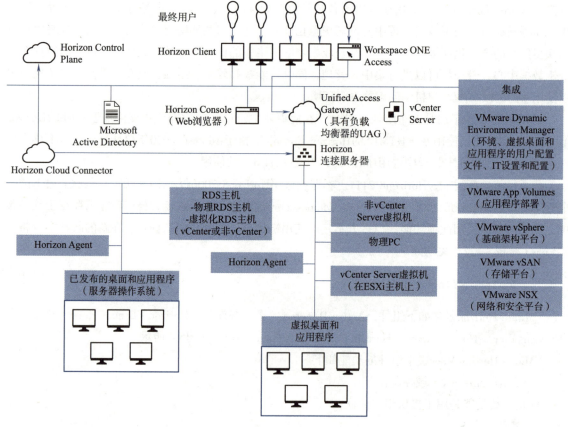

图 5-2　VMware Horizon 组件

5）Horizon Agent

在所有用作远程桌面和应用程序源的虚拟机、物理系统和 Microsoft RDS 主机上安装 Horizon Agent 服务。在虚拟机上，此服务通过与 Horizon Client 进行通信来提供连接监视、虚拟打印、Horizon Persona Management和访问本地连接的 USB 设备等功能。

6）Horizon Console

Horizon Console 是一种基于Web的应用程序，会随连接服务器一起安装，可以通过Web浏览器来访问和使用。用于启动Horizon Console的计算机必须信任托管连接服务器的服务器的根证书和中间证书。

管理员可使用Horizon Console配置Horizon Connection Server、部署和管理远程桌面和应用程序、控制用户身份验证、启动并检查系统事件以及执行分析活动。

7）View Composer

是一项可选服务，当要从单个集中式基础映像部署多个链接克隆桌面时，才应当安装该服务。该软件服务安装在管理虚拟机的 vCenter Server 实例上或安装在单独的服务器上。然后，View Composer将可以从指定的父虚拟机创建链接克隆池。这种策略可节约多达 90% 的存储成本。（在 Horizon8 2006以后版本中，将移除View Composer及相关功能）

8）vCenter Server

如果在vSphere上部署 Horizon，则vCenter Server可充当连接到网络的VMware ESXi Server的中心管理员。vCenter Server为配置、置备和管理数据中心中的虚拟机提供了中心点。

思考与实践

Horizon组主要有哪些组件？请分别阐述各个组件的功能。

项目二　VMware Horizon 桌面虚拟化项目部署

项目导入

在对 VMware Horizon 技术架构和组件有深刻理解后，接下来小张进行 VMware Horizon 桌面虚拟化技术的学习。

学习目标

- 掌握域的搭建。
- 掌握组织单位和用户创建。
- 掌握 VMware Horizon 相关组件的安装配置。
- 掌握配置 Horizon Consol 的管理页面。
- 掌握 Composer 创建链接桌面克隆池。
- 掌握创建即时克隆桌面池。
- 掌握连接虚拟桌面。

任务1　配置实验环境

视频

VMware Horizon 实验环境及AD安装配置

任务描述

在进行Horizon搭建前，我们有必要对整个的实验环境进行比较全面的规划。在本任务中，我们将对实验环境中用到的设备和部署流程做一个说明，除此之外我们将绘制拓扑图以并对服务器进行规划。

任务目标

- 掌握Horizon实验环境的规划的能力。
- 掌握根据Horizon拓扑规划进行基础实验环境的搭建。

任务实施

1. 部署说明

本实验采用4台物理服务器，3台部署ESXi主机，1台部署Server 2016搭建iSCSI存储供ESXi主机使用；PC 1台作为管理机使用；无线路由器1台，提供外部网络和dhcp功能；交换机3台，1台连接各物理设备，1台vMotion网络使用，1台连接iSCSI存储使用。

在部署完成物理设备后，在ESXi主机上创建6台虚拟机，5台安装Windows Server 2016系统，1台部署Windows 10操作系统虚拟机作模板机使用。按照先部署AD域，再分别安装VCenter Server、Connection Server、SQL Server、Composer Server、View Agent顺序依次安装。

由于实验环境没有公网IP地址，所以在本项目没有部署UAG外网网关。

2. 实验规划拓扑结构

本项目的实验规划拓扑结构如图5-3所示。

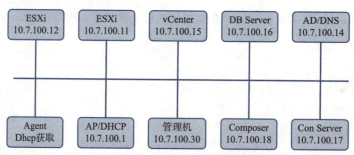

图5-3 实验规划拓扑结构

3. 实验环境服务器规划表

实验环境服务器规划见表5-1。

表5-1 实验环境服务器规划

服务器	PQDN名	IP地址	系统	软件和组件
域控	AD.yunzhifeng.com	10.7.100.14	Windows Server 2016	Windows Server 2016自带
Composer	CompServer.yunzhifeng.com	10.7.100.18	Windows Server 2016	viewcomposer-8.0.0
连接服务器	ConnServer.yunzhifeng.com	10.7.100.17	Windows Server 2016	Connection-Server-x86 64-8.0.0
ESXi主机	esxi01.yunzhifeng.com esxi02.yunzhifeng.com esxi03.yunzhifeng.com	10.7.100.11 10.7.100.12 10.7.100.13	VMvisor 6.7	VMware-VMvisor-Installer-6.7.0-8169922.x86_64
vCenter	VCSA.yunzhifeng.com	10.7.100.15	VCSA 6.7	VMware-VCSA-all-6.7.0-8217866
DB服务器	DB.yunzhifeng.com	10.7.100.16	Windows Server 2016	SQL Server 2012
Agent模板	—	dhcp	Windows 10、 Windows 7	Agent-x86 64-7.8.0 Agent-x86_64-8.0.0
管理机	mg.yunzhifeng.com	10.7.100.30	Windows 10	Windows 10企业版

思考与实践

在搭建整个实验环境前请为你的实验环境进行规划（参考本任务）。

●●●● 任务2　AD 域安装配置 ●●●●

任务描述

在对整个实验环境规划完成后，本任务我们将完成域的安装和配置，并在域中创建Horizon组织单位、用户和组，用来存放管理桌面池中计算机和用户。

任务目标

- 了解组织单位、用户和组的概念。
- 掌握AD（DC）域的安装及配置。
- 掌握组织单位、用户和组的创建。

知识学习

一、域中的组织单位、用户和组

在Horizon中我们一般为远程桌面专门创建一个组织单位（OU）。组织单位是对 Active Directory 的细分，包含用户、组、计算机或其他组织单位。为避免组策略设置应用到桌面所在域中的其他 Windows 服务器或工作站，可以为 Horizon 组策略创建一个 GPO，并将其链接到包含远程桌面的组织单位。也可以将组织单位的控制权委托给下级组，如服务器操作员或单独用户。

Horizon不需要修改AD中的任何信息，不过建议用户在AD中创建属于Horizon的组织单位和用户组，创建组织单位的目的在于方便应用各种域策略。

如果使用的是View Composer，则应为链接克隆桌面创建一个基于远程桌面组织单位的单独Active Directory容器。在 Active Directory 中具有组织单位管理员权限的管理员可以在不具备域管理员权限的情况下置备链接克隆桌面。如果更改了 Active Directory 的管理员凭据，则必须更新 View Composer 中的凭据信息。

任务实施

子任务1　搭建 AD（DC）域

（1）单击"开始/运行"，选择"服务器管理器"→"添加角色和功能"，在出现的添加角色和功能面板中，勾选"Active Drective域服务"。→在"添加角色和功能向导"窗口中，直接单击"添加功能"，设置情况如图5-4所示。

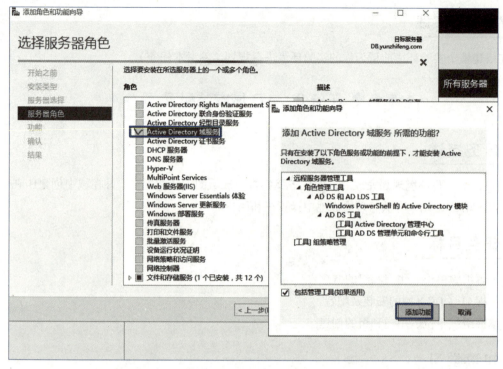

图 5-4 添加角色和功能

（2）在后面几项直接使用默认配置，单击"下一步"按钮，在"确认安装所选内容"窗口中，单击"安装"按钮，直至安装完成，如图5-5所示。

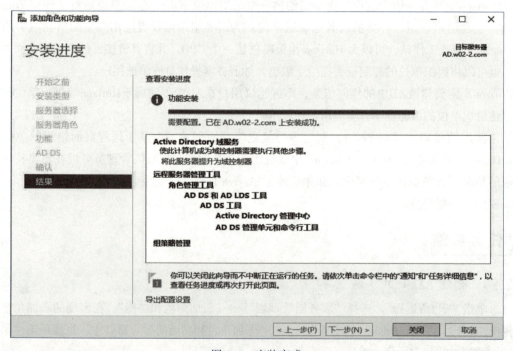

图 5-5 安装完成

（3）完成安装后，将此服务器提升为域控制器，如图5-6所示。

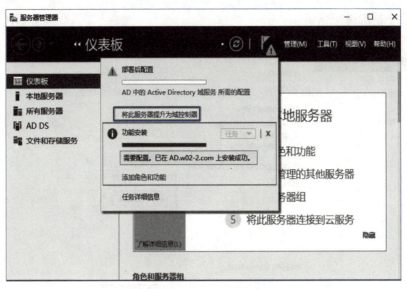

图 5-6　提升为域控制器

（4）在"部署配置"中选择"添加新林"单选按钮，输入根域名：yunzhifeng.com，单击"下一步"按钮，如图5-7所示。

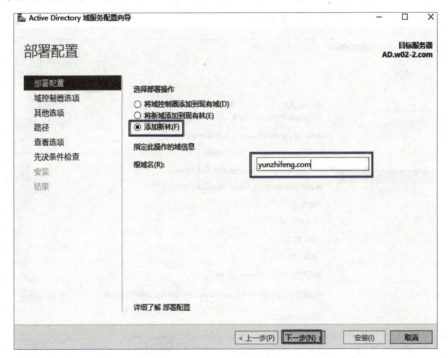

图 5-7　添加新林

（5）在"域控制器选项"中填写目录服务还原模式密码和确认密码，单击"下一步"按钮，如图5-8所示。

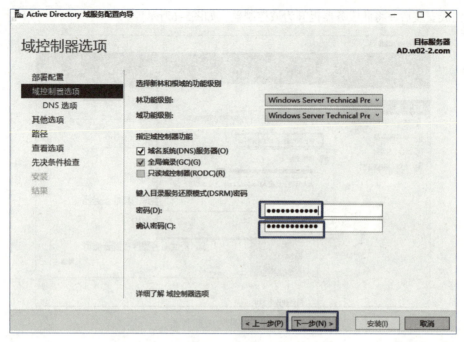

图 5-8 填写密码

（6）"DNS选项""其他选项""路径"均选择默认，单击"下一步"按钮进入到"查看选项"，如果没有问题，单击"下一步"按钮，如图5-9所示。

图 5-9 查看选项

（7）在"先决条件检查"中单击"安装"按钮，直至完成安装，如图5-10所示。

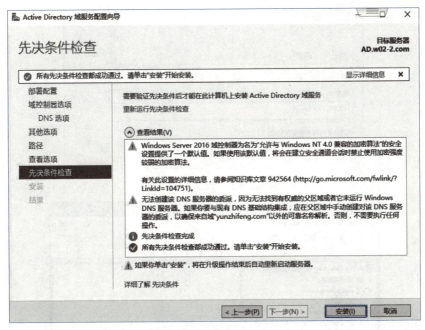

图 5-10　先决条件检查

子任务 2　创建 Horizon 组织单位、用户和组

（1）在域中右击选择"新建"→"组织单位"，如图5-11所示。

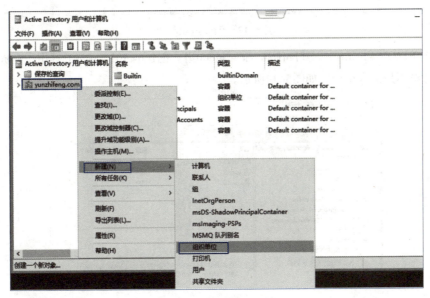

图 5-11　新建组织单位

（2）在弹出框中填入HORIZON，单击"确定"按钮，创建Horizon组织单位，如图5-12所示。

（3）在HORIZON下创建HORIZON USERS、HORIZION COMPUTERS组织单位，用于存放虚拟桌面虚拟机及用户和组，如图5-13所示。

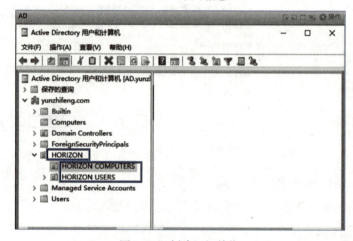

图 5-12 填写信息

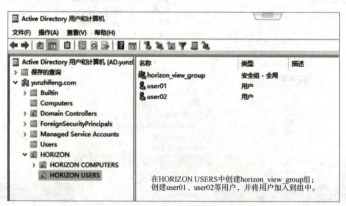

图 5-13 创建组织单位

（4）在HORIZON USERS中创建horizon_view_group组。创建user01、user02等用于存放连接虚拟桌面的用户，并将用户加入组中，如图5-14所示。

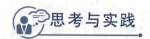

图 5-14 创建用户和组

思考与实践

搭建域控制器，在域中新建组织单位、用户和组用于存放管理桌面计算机和用户。

任务 3　Horizon 相关组件的安装配置

任务描述

在单元二vSphere服务器虚拟化中,我们已经部署了ESXi主机和vCenter Server服务,且已创建了数据中心和群集。在本任务中以上两个组件不再重复部署,我们将部署SQL Server数据库、Horizon连接服务器、Composer服务器、Horizon Agent模板机和管理机。部署前,将相关计算机加入域,部署完成后进行证书添加。

视　频

Horizon相关组件的安装配置

任务目标

- 掌握数据库安装及创建相关数据库。
- 掌握数据库数据源的配置。
- 掌握Composer服务器的安装。
- 掌握Connection服务器的安装。
- 掌握链接克隆和即时克隆Agent的安装配置。

任务实施

在本任务中我们要进行SQL Server、Composer、Connection、Agent模版机等组件的安装。因为vCenter及ESXi主机等vSphere组件已经配置完成,另外鉴于篇幅有限,计算机加入域和AC证书申请就并不在任务中出现了,本任务实施前请自行完成。

子任务 1　SQL Server 2012 创建相关数据库

(1) 在安装完成SQL Server 2016后,修改计算机名称为DB,并将计算机加入域。然后在服务器上安装SQL Server 2012数据库(过程略)。

(2) 登录SQL Server,输入服务器名称和密码等信息,如图5-15所示。

图 5-15　登录数据库

（3）因为Composer服务器将用到SQL Server，因此我们先新建数据库Composer。右击数据库，选择"新建数据库"，填写数据库名称：COMPOSER，单击"确定"按钮，如图5-16所示。

图 5-16　新建数据库

（4）因为我们在Horizon连接服务器上还需要配置事件数据库，所以我们还需要创建一个数据库，我们命名View-log，用同方法创建View-log数据库。

子任务2　Composer Server 安装

安装硬件要求见表5-2。

表 5-2　安装硬件要求

硬件组件	需要	建议
处理器	1.4 GHz或更快的Intel 64或AMD 64处理器，2个CPU	2 GHz 或更快，4个CPU
网络连接	一个或多个10/100 Mbps网络接口卡(NIC)	1 Gbps网卡
内存	4 GB RAM或更高	对于包含50个或更多远程桌面的部署，至少需要8 GB RAM
磁盘空间	40 GB	60 GB

注意：托管View Composer的物理机或虚拟机必须具有不会发生更改的IP地址。在IPv4环境中，配置静态IP地址。在IPv6环境中，计算机会自动获取不会发生列改的IP地址。

（1）按照规划要求设置服务器IP地址为10.7.100.18，修改计算机名称为CompServer，并将计算机加入域。然后申请AC证书（过程略）。

（2）双击应用程序，单击Next按钮进行安装，如图5-17所示。

图 5-17 启动安装程序

(3)接受协议,单击Next按钮,如图5-18所示。

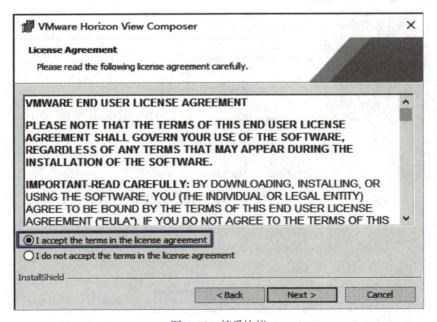

图 5-18 接受协议

（4）单击设置数据源，或者打开OBDC程序，建立到数据库的数据源，如图5-19所示。如果已经创建数据源，可以直接填入已经创建的数据源、用户名、密码后进行下一步。

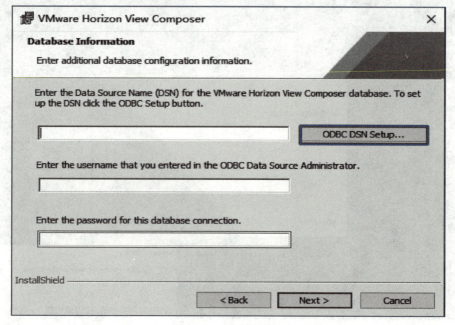

图 5-19　设置数据源

（5）设置数据源名称、描述、远程数据库服务器，单击"下一步"按钮，如图5-20所示。

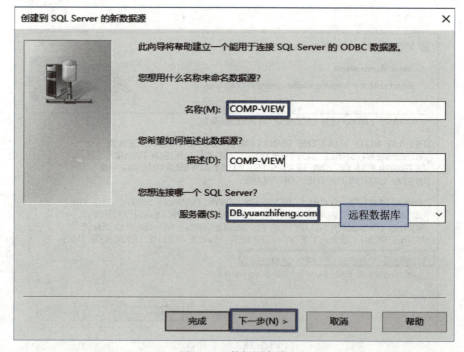

图 5-20　数据源名称

（6）输入SQL Server数据库的用户名和密码，单击"下一步"按钮，如图5-21所示。

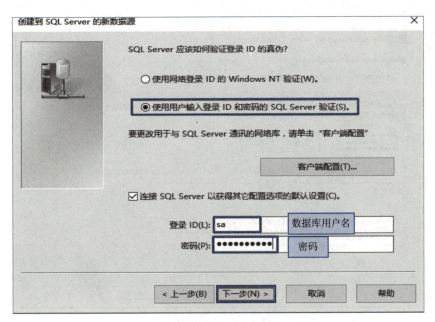

图 5-21　用户名和密码

（7）选择创建好的数据库，单击"下一步"按钮，直至完成数据源的创建，并测试数据源连通，如图5-22所示。

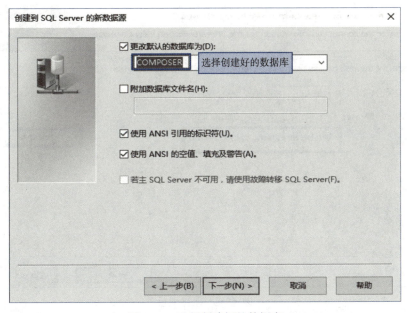

图 5-22　选择创建好的数据库

（8）输入OBDC数据源：COMP-VIEW、用户名和密码，单击Next按钮，如图5-23所示。

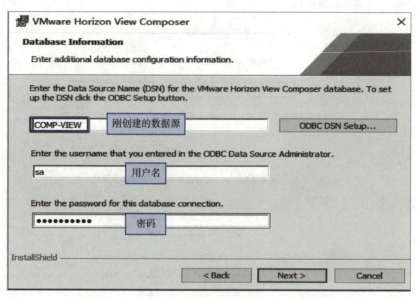

图 5-23　选择数据源

（9）端口默认18443，单击Choose按钮，如图5-24所示。

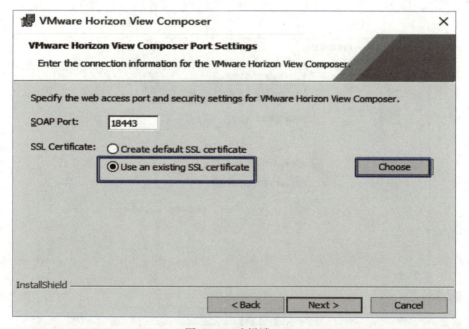

图 5-24　选择端口

（10）选择已经存在的SSL协议，单击OK按钮，如图5-25所示。

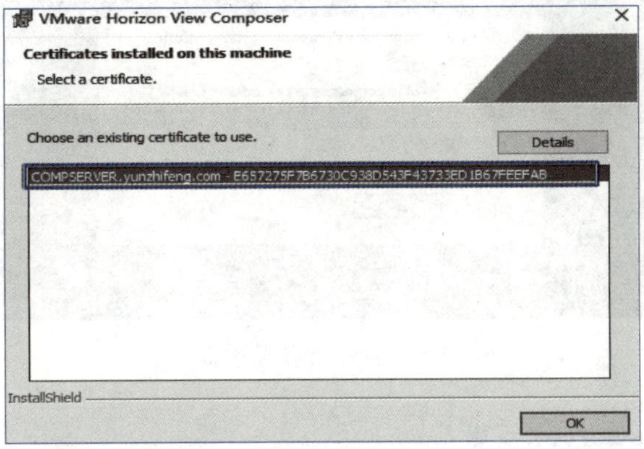

图 5-25　选择已申请的证书

（11）安装位置默认，单击Install按钮，如图5-26所示。

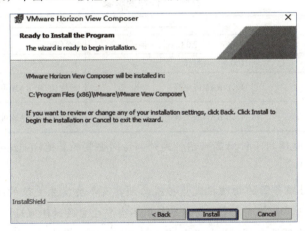

图 5-26　选择安装位置

（12）单击Finish按钮，完成Composer的安装，如图5-27所示。

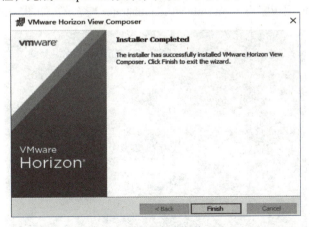

图 5-27　完成安装

（13）Composer服务器安装完成后，按照系统提示重新启动服务器，如图5-28所示。

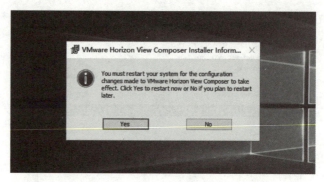

图 5-28　重启服务器

子任务 3　Connection Server 安装

Connection Server硬件要求见表5-3。

表 5-3　硬件要求表

硬件组件	需要	建议
处理器	Pentium IV 2.0 GHz处理器或更高	4个CPU
网络适配器	100 Mbit/s网卡	1 Gbit/s网卡
内存 Windows Server 2008 R2 (64位)	4 GB RAM或更高	至少10 GB RAM,可部署50个或更多远程桌面
内存 Windows Server 2012 R2 (64位)	4 GB RAM或更高	至少10 GB RAM,可部署50个或更多远程桌面

注意：① 这些要求也适用于针对高可用性或外部访问安装的其他Horizon连接服务器、副本服务器和安全服务器实例。

② 托管Horizon连接服务器的物理机或虚拟机必须具有不会发生更改的IP地址。在IPv4环境中，配置静态IP地址；在IPv6环境中，计算机会自动获取不会发生更改的IP地址。

（1）按照规划要求设置服务器IP地址为静态：10.7.100.17，修改计算机名称为ConnServer，并将计算机加入域（yunzhifeng.com），然后再申请AC证书（过程略）。

（2）服务器加域后使用域账户（yunzhifeng\Administrator）登录，如图5-29所示。

图 5-29　域账户登录

(3)双击安装包,启动安装向导,单击"下一步"按钮,如图5-30所示。

图 5-30　启动安装向导

(4)接受许可协议,并单击"下一步"按钮,如图5-31所示。

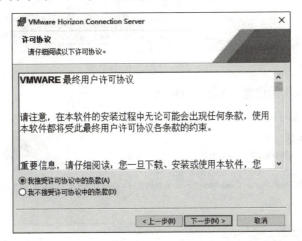

图 5-31　接受许可协议

(5)更改安装目录,这里默认安装路径,单击"下一步"按钮,如图5-32所示。

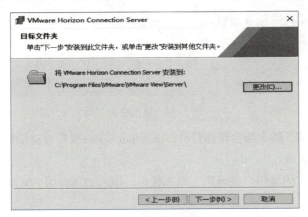

图 5-32　选择安装路径

（6）选择"Horizon标准服务器"，勾选"安装HTML Access"复选框，选择IPv4，单击"下一步"按钮，如图5-33所示。

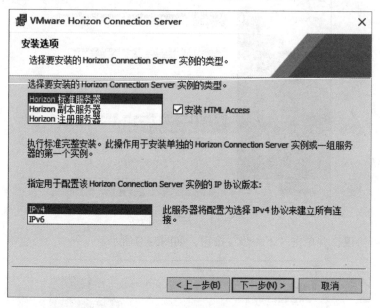

图 5-33　选择服务器类型

（7）输入数据密码及提示信息，如图5-34所示。

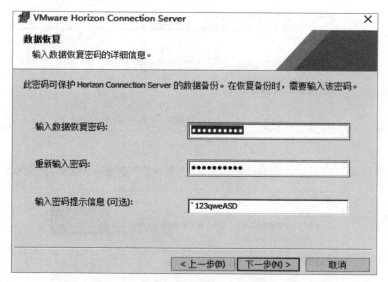

图 5-34　输入密码

（8）自动配置防火墙，防火墙会帮你打开Connection Server服务对应端口，如图5-35所示。也可以不安装，关闭本地防火墙。

（9）选择"授权特定的域用户或域组"单选按钮，填入YUNZHIFENG\Administrator，如图5-36所示。

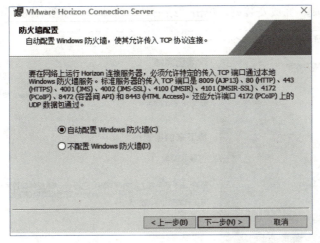

图 5-35　自动配置防火墙

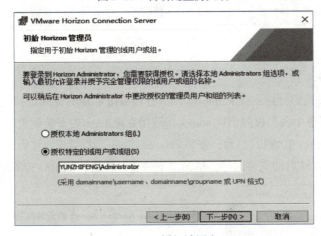

图 5-36　授权域用户

（10）在接下来的步骤中直接单击"下一步"按钮跳过体验，在页面中单击"安装"按钮，如图5-37所示。

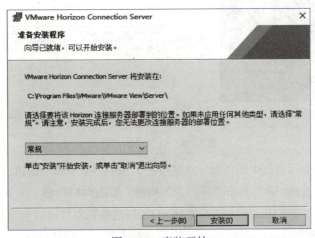

图 5-37　安装开始

（11）等待安装完成，完成安装后，单击"结束"按钮即可，如图5-38所示。

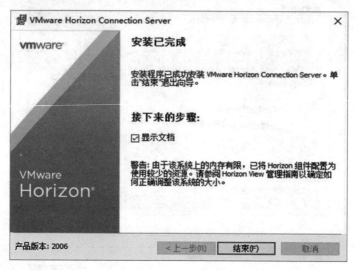

图 5-38　安装完成

子任务 4　Agent 的安装

在整个实验环境中我们分别创建Windows 10的链接克隆和即时克隆虚拟机模板，并分别创建快照，鉴于篇幅，在本任务中我们仅列出Windows 10链接克隆Agent的安装配置。

（1）提前准备Windows 10虚拟机1台，安装VMware-Tools，设置IP地址为"自动获取"。准备View Agent 安装软件，双击软件启动安装向导，单击"下一步"按钮，如图5-39所示。

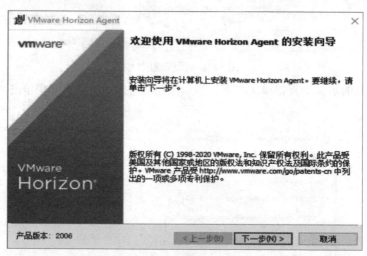

图 5-39　启动安装向导

（2）选择"我接受许可协议中的条款"单选按钮，单击"下一步"按钮，如图5-40所示。

（3）网络协议配置选择IPv4，单击"下一步"按钮，如图5-41所示。

（4）在安装组件中，除VMware Horizon Instant Clone之外的组件可以全部选择（因为本实验选用View Composer，不能与VMware Horizon Instant Clone同时安装），如图5-42所示。

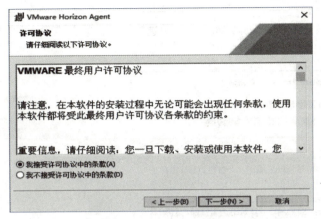

图 5-40　接受许可协议

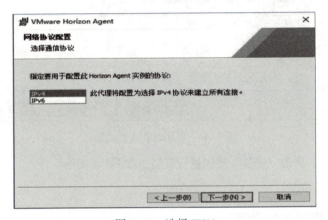

图 5-41　选择 IPV4

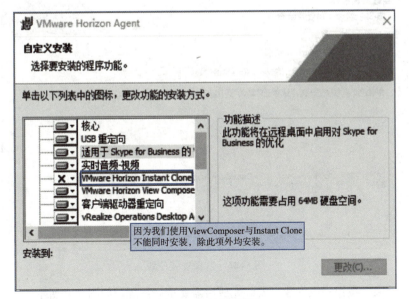

图 5-42　选择组件

(5)选择"启用该计算机的远程桌面功能"单选按钮后,单击"下一步"按钮,如图5-43所示。

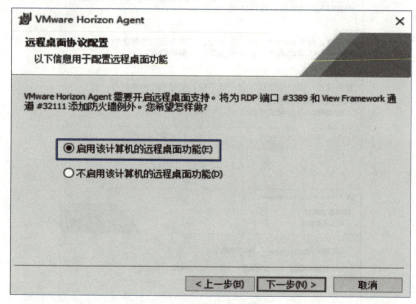

图 5-43　启用远程桌面功能

(6)安装位置默认,单击"安装"按钮进行安装,如图5-44所示。

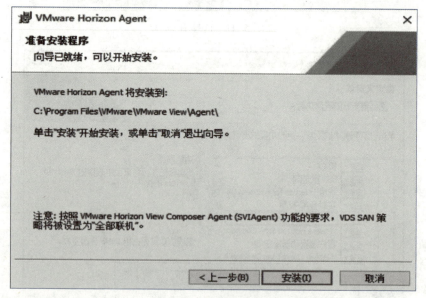

图 5-44　选择安装位置

(7)单击"结束"按钮完成安装,安装完成后需要重启系统,如图4-45所示。

图 5-45　完成安装

（8）重启后可以选择安装常用的软件（此处略过），关机后创建快照，如图5-46所示。

图 5-46　创建快照

生成快照如图5-47所示。

图 5-47　生成快照

（9）按同样的方式完成Win10即时克隆Agent模板机的创建和配置。需注意的是，在选择功能时不选View Composer，而要选择Instant Clone，如图5-48所示。

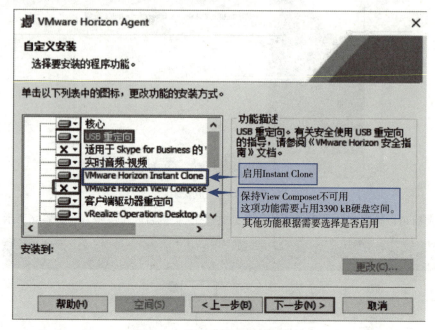

图 5-48　即时克隆 Agent 的创建

思考与实践

（1）安装SQL Server数据库，并创建相关数据库（Composer、View-log）。

（2）准备Windows Server 2016一台，安装SQL Server数据库管理工具、配置数据源远程连接Composer数据库。

（3）完成Composer服务器的安装。

（4）准备Windows Server 2016一台，完成Connection服务器的安装。

（5）请分别创建Windows 10的链接克隆和Windows 10即时克隆的Agent模板机，并创建相应快照。

●●●● 任务 4　配置 Horizon Consol 管理页面 ●●●●

视频

配置Horizon Consol管理页面

任务描述

在本任务中，我们将登录Horizon连接服务器的管理界面，编辑证书并配置事件数据库。在管理界面完成vCenter服务器的添加和配置。

任务目标

- 掌握Horizon的证书编辑。

- 掌握Horizon事件数据库的添加和配置。
- 掌握vCenter服务器的添加和配置。

任务实施

子任务1　登录 Horizon Consol 管理页面、编辑许可证

（1）在10.7.100.17（连接服务器上）打开 Web 浏览器，输入https://localhost/admin或者https://ConnServer.yunzhifeng.com，填写管理员账户和密码后进行登录，如图5-49所示（如果在其他终端上连接出现错误，可以在 C:\Program Files\VMware\VMware View\Server\sslgateway\conf 中，为连接服务器创建名为 locked.properties的配置文件，添加代码checkOrigin=false，重启连接服务）。

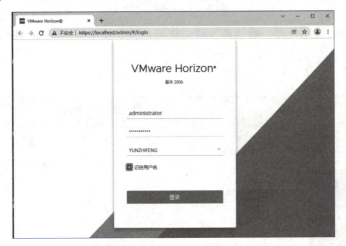

图 5-49　管理员登录

（2）登录成功进入Horizon Consol管理页面（老版本的View administrator页面），提示提供有效许可证的警告，如图5-50所示。

图 5-50　许可证警告

（3）在"许可"设置面板中单击"编辑许可证"按钮，输入试用版许可证序列号，然后单击"确定"按钮，如图5-51所示（或在Horizon Console中，选择"设置"→"产品许可和使用情况"，再编辑许可证）。

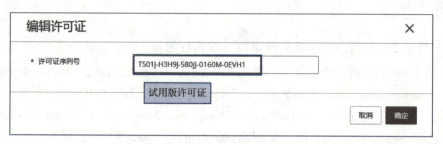

图 5-51　编辑许可证

（4）验证许可证的过期日期，确认基于产品许可证授权使用的VMware Horizon组件许可证，如图5-52所示。

图 5-52　许可和使用情况

子任务2　配置事件数据库

（1）在"仪表盘"页面系统运行状况显示"未配置事件数据库"，如图5-53所示（在"监视器"→"事件"选项也可以看到DB事件未配置)。

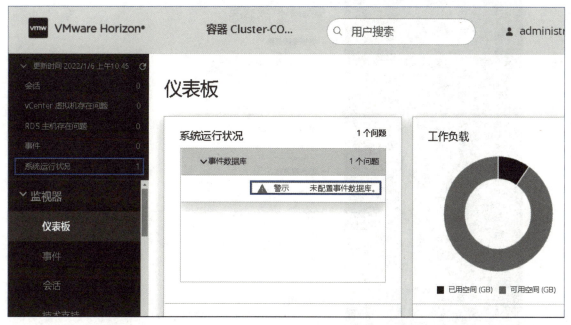

图 5-53　未配置事件数据库

(2)单击"事件配置"选项,单击"编辑"按钮,输入之前已经创建的View-log数据库的相关信息,如图5-54、图5-55所示。

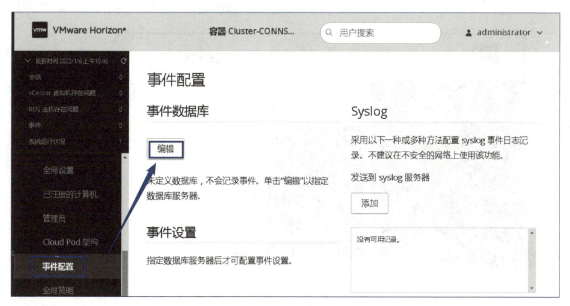

图 5-54　事件配置

(3)配置完事件数据库后,面板上的系统运行状况都已经正常,警示消除,如图5-56所示。

图 5-55 View-log 数据库信息编辑

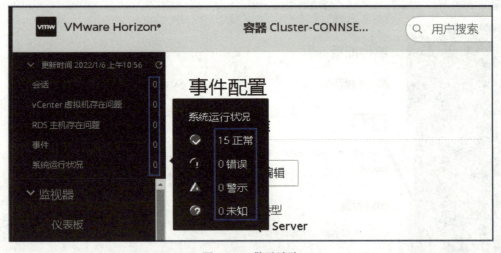

图 5-56 警示消除

子任务 3　vCenter Sever 的配置

（1）在左侧列表单击"服务器"→vCenter Server→"添加"，如图 5-57 所示。

单元五 桌面虚拟化技术应用 233

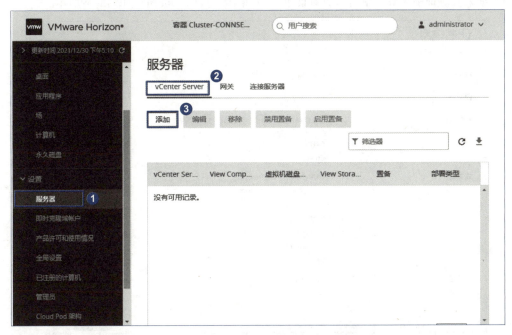

图 5-57 添加 vCenter Server

（2）vCenter Server设置：输入IP地址、用户名、密码、端口号，设置如图5-58所示。

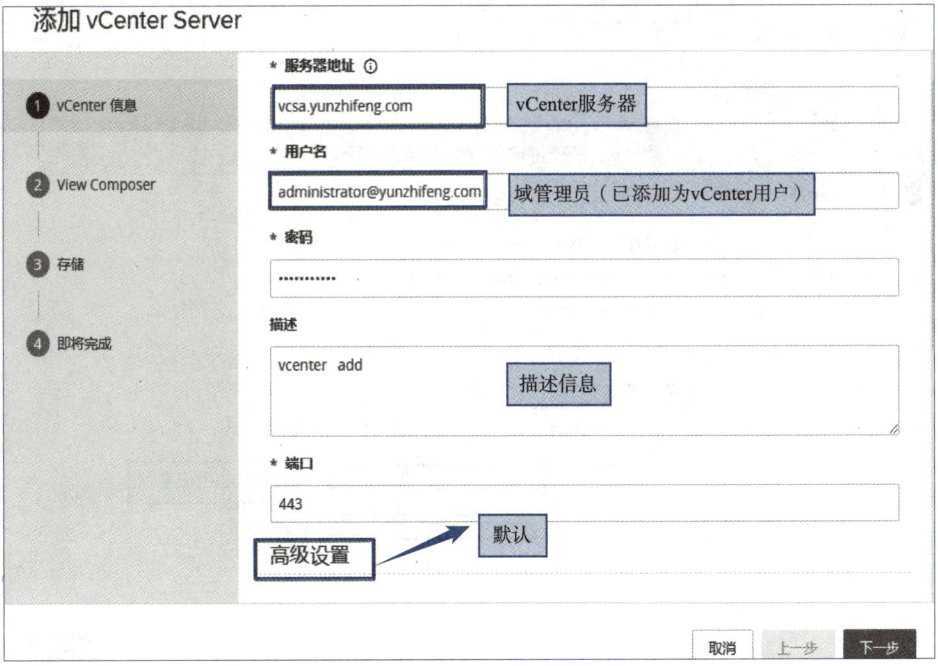

图 5-58 编辑 vCenter 信息

（3）如果检测证书无效，单击"查看证书"，并单击"接受"按钮，如图5-59所示。

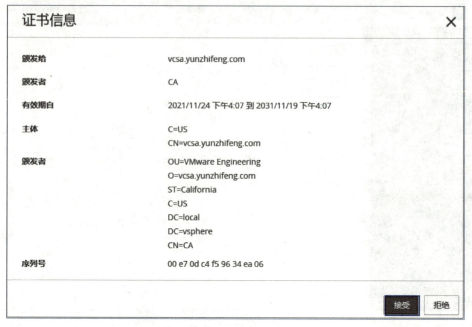

图 5-59　接受证书

（4）本实验环境搭建的是"独立的View Composer Server"，选择此单选按钮后输入服务器地址、用户名、密码，单击"下一步"按钮，如图5-60所示。

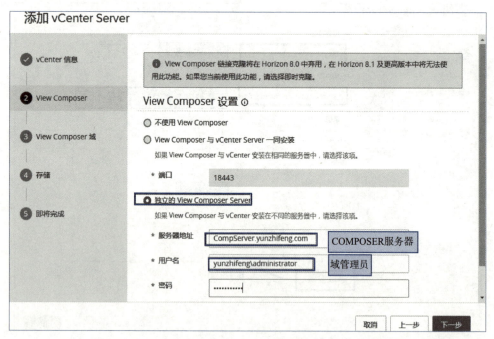

图 5-60　Composer 设置

（5）在"View Composer域"选项，单击"添加"按钮进行添加Composer域账户。填写域名和域用户，单击"提交"按钮，如图5-61所示（此处为简化操作，使用的是域管理员）。

图 5-61 Composer 域账户添加

（6）在"存储"选项选择"回收虚拟机磁盘空间"和启用"View Storage Accelerator"复选框，单击"下一步"按钮，如图6-62所示。

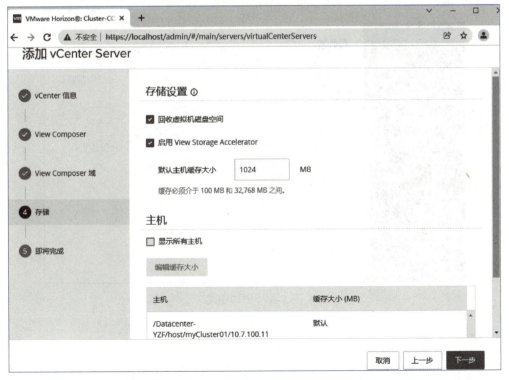

图 5-62 存储设置

（7）在"即将完成"页面可进行检查，如果没有问题单击"提交"按钮，如图5-63所示。

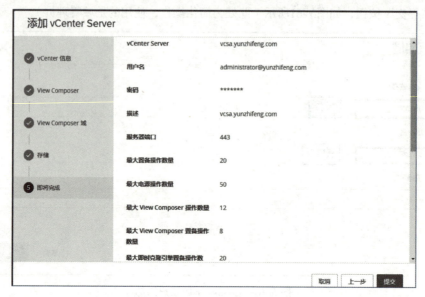

图 5-63　信息检查

（8）添加完成界面如图5-64所示。

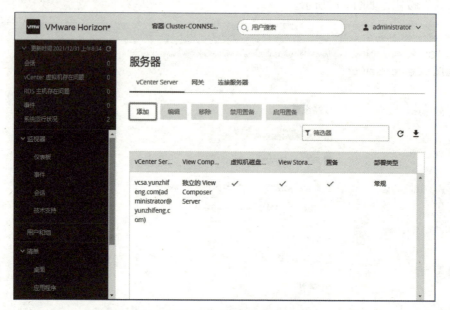

图 5-64　添加完成

思考与实践

（1）登录Horizon连接服务器的管理界面，编辑证书并配置事件数据库。

（2）完成vCenter服务器的添加和配置（包括Composer服务器）。

任务 5　创建链接克隆和即时克隆桌面池

任务描述

在上一任务中我们完成Horizon Consol管理界面的配置。在本任务中，我们将创建桌面池（说明：Horizon8.0 2006是一个承上启下的版本。View Composer 链接克隆功能仍可以使用此项功能，在8.0以后版本中链接克隆功能将去除。本任务就是使用Composer链接克隆为示例。即时克隆和完整克隆因整体篇幅，大家可以参考官方文档自己去实现）。

视 频

创建链接克隆和即时克隆桌面池

任务目标

- 了解桌面池的分类。
- 了解即时克隆和链接克隆及其特点。
- 掌握创建链接克隆桌面池的方法和步骤。
- 掌握创建即时克隆桌面池的方式和步骤。

知识学习

一、桌面池介绍

VMware Horizon 使用桌面池作为集中管理的基础。在Horizon中，可以创建虚拟机池，并选择可为池中所有计算机提供通用桌面定义的设置。然后，Horizon可以通过Horizon Client向最终用户提供桌面。Horizon 可以从单用户虚拟桌面计算机提供桌面，该计算机可以是受 vCenter Server管理的虚拟机、在其他虚拟化平台上运行的虚拟机或物理计算机。我们可以通过以下任一源创建桌面池：

（1）在虚拟化平台上运行的虚拟机，而非支持 Horizon Agent 的 vCenter Server；
（2）物理桌面PC；
（3）在ESXi主机上托管并由 vCenter Server 管理的虚拟机；
（4）RDS主机上基于会话的桌面。

1. 桌面池分类

桌面池主要有以下几种。

1）自动桌面池

自动桌面池使用 vCenter Server 虚拟机模板或快照创建相同虚拟机的池。我们可以创建即时克隆桌面池和完整克隆虚拟机桌面池。

2）手动桌面池

手动桌面池是现有 vCenter Server虚拟机、物理计算机或非 vCenter 虚拟机的集合。对于手动桌面池，Horizon 不会创建和管理池中桌面的生命周期。桌面是在 Horizon 之外创建，然后导入到 Horizon Console 中的。

3）RDS 桌面池

RDS 桌面池在以前的 View 版本中称为 Microsoft 终端服务池。RDS 桌面池提供基于会话的桌面。

2. 专用和浮动桌面池

（1）专用桌面池：用户每次登录收到相同计算机。

（2）浮动桌面池：桌面池的计算机以动态分式分配给用户，用户不会永久占用该虚拟桌面。

（3）自动分配桌面池：如果用户连接到有权使用的桌面池，但池中没有计算机，View 会自动将一个备用计算机分配给该用户。在自动桌面池中，如果没有备用计算机，便会创建一个新的计算机。

3. 链接克隆和即时克隆

1）链接克隆

通过 View Composer 链接克隆，速度快并且可以节约存储空间。View Composer 链接克隆共享同一个基础映像，所需的存储空间也低于完整虚拟机。可将链接克隆的用户配置文件重定向至不受操作系统更新和刷新影响的永久磁盘中。

链接克隆也是基于虚拟机的快照生成的，更改父虚拟机或者克隆后的虚拟机硬盘文件不会影响对方，但如果父虚拟机损坏，或者删除快照，克隆后的虚拟机都不能使用。如果父虚拟机更改位置，会导致已克隆的虚拟机报错（重构时无法找到父虚拟机位置），链接克隆有永久磁盘，域用户的配置文件和桌面文件都会存储在永久磁盘中。

特点：链接克隆对虚拟机进行重启、关机甚至刷新和重构都不会导致永久磁盘中的文件丢失，在删除链接克隆桌面池中的虚拟机时，会提示分离永久磁盘，这样数据留下来，分离的永久磁盘后期可以挂载在别的虚拟机中，或者通过永久磁盘再次生成虚拟机。

2）即时克隆

即时克隆桌面池是在 vCenter Server 中使用 vmFork 技术，从最佳配置映像创建的自动桌面池。除了从 vCenter Server 中使用即时克隆 API 之外，Horizon 还会创建多种类型的内部虚拟机（内部模板、副本虚拟机和父虚拟机），以便以更具扩展性的方式管理这些克隆。

即时克隆共享父虚拟机的虚拟磁盘，所占用的存储空间要比完整虚拟机少。此外，即时克隆在首次创建时会共享父虚拟机的内存，这有助于快速置备。但是随着用户登录到这些克隆的桌面，将会占用额外的内存。虽然使用父虚拟机有助于提高置备速度，但这也会增加整个群集的内存需求。此时会启用一种"智能置备"的功能。单个即时克隆池可以同时具有使用父虚拟机或不使用父虚拟机创建的即时克隆。

特点：即时克隆的置备速度较快，桌面机在创建后始终处于电源打开状态，以方便用户连接。客户机自定义和 Active Directory 域加入操作会在初次打开电源工作流中完成，无须停机就可以在滚动过程中修补即时克隆池。但即时克隆的缺点是共用母盘性能受限。

任务实施

子任务 1 创建 Composer 链接克隆桌面池

（1）打开 Horizon Consol 控制台，从"清单"进入"桌面"子选项，在右侧单击"添加"按钮，如图 5-65 所示。

图 5-65　添加桌面池

（2）桌面池的类型选择"自动桌面池"单选按钮，单击"下一步"按钮，如图5-66所示。

图 5-66　选择类型

（3）本实验选择"View Composer 链接克隆"单选按钮，单击"下一步"按钮，如图5-67所示。

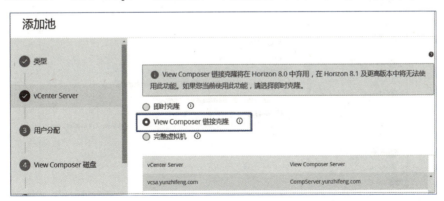

图 5-67　选择克隆类型

（4）选择"专用"单选按钮和"启用自动分配"复选框，单击"下一步"按钮，如图5-68所示。
（5）设置"View Composer磁盘"选项，单击"下一步"按钮，如图5-69所示。

图 5-68　用户分配选择

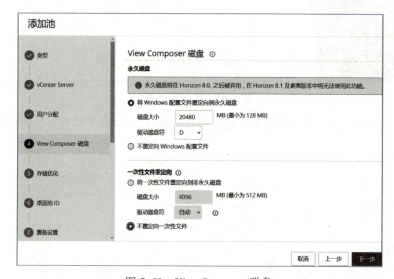

图 5-69　View Composer 磁盘

（6）设置"存储优化"选项，本实验环境没有使用VSAN，此选项默认设置，单击"下一步"按钮，如图5-70所示。

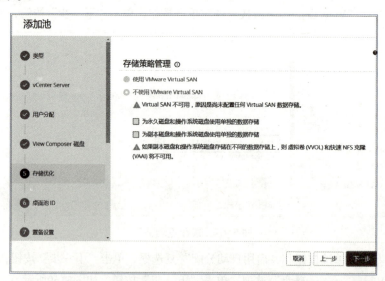

图 5-70　存储优化

（7）设置"桌面池ID"选项，包括桌面池的ID、显示名称、描述信息，单击"下一步"按钮，如图5-71所示。

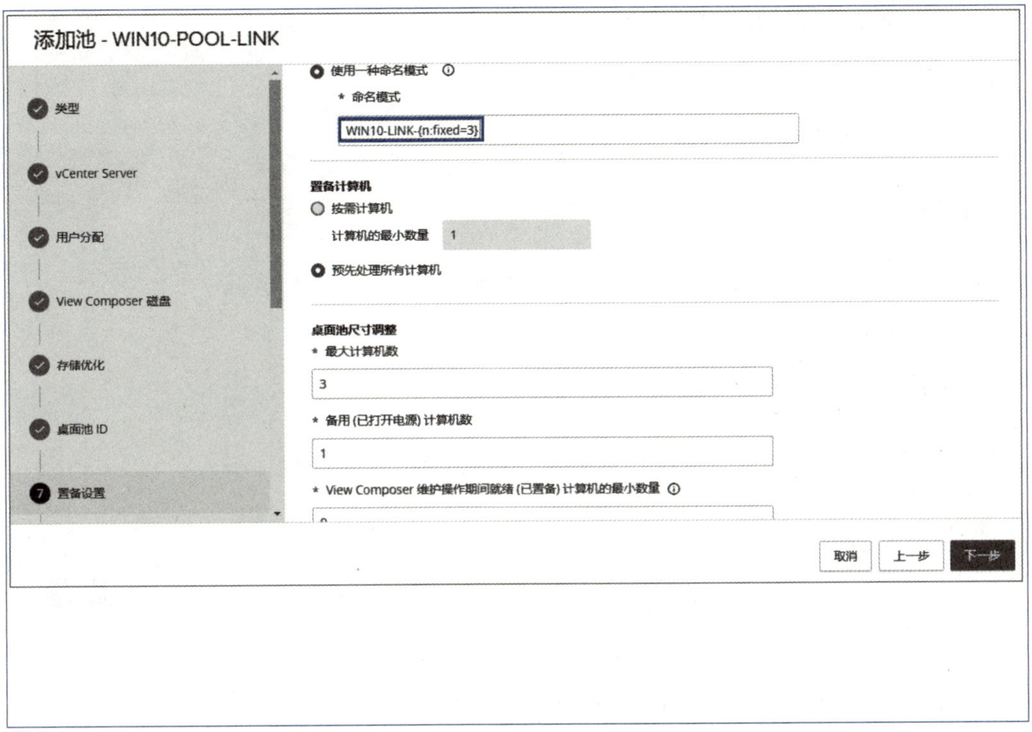

图 5-71 桌面池 ID

（8）在"置备设置"选项设置虚拟机命名模式和置备数量，如图5-72所示。

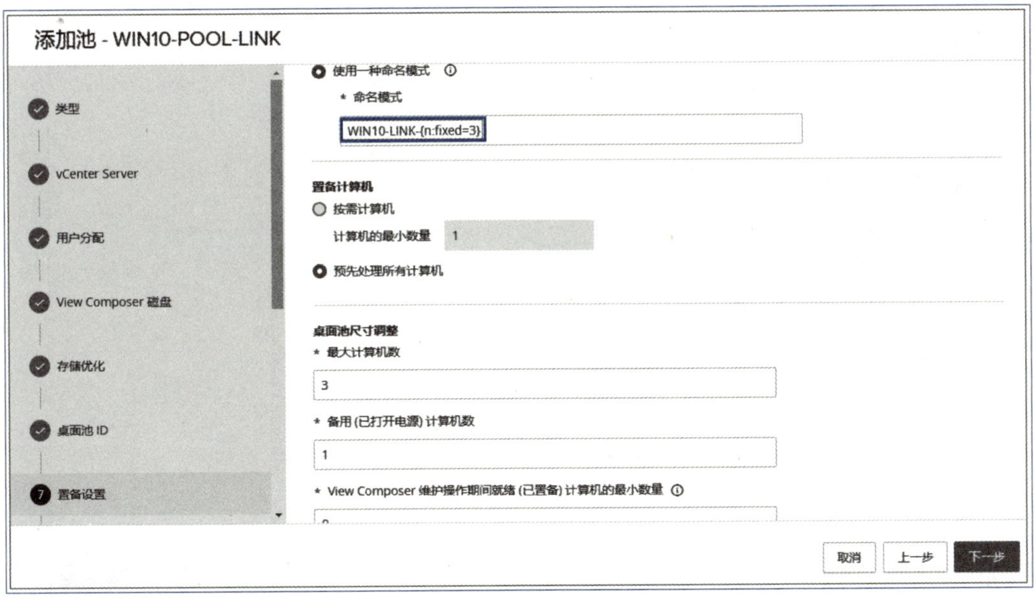

图 5-72 置备设置

（9）在"vCenter设置"选项中依次选择父虚拟机、快照、虚拟机文件夹位置、主机或群集、资源池、数据存储等。检查vCenter配置后的信息，单击"下一步"按钮，如图5-73所示。

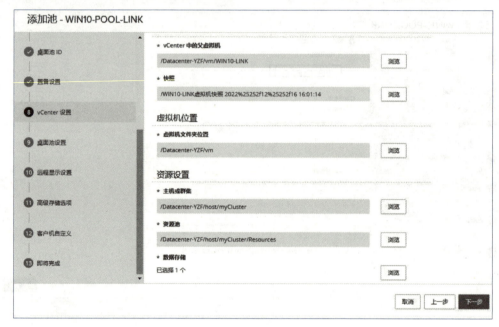

图 5-73 vCenter 设置

（10）"桌面池设置"选项选择默认即可，如图5-74所示。

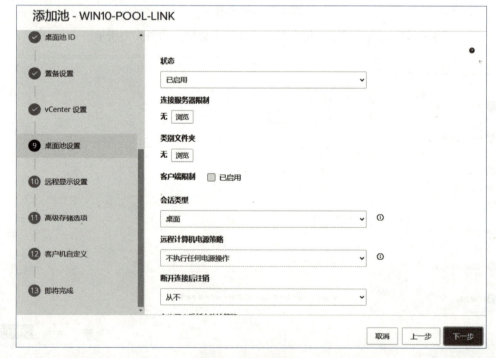

图 5-74 桌面池设置

（11）"远程显示设置"选项选择默认，单击"下一步"按钮，如图5-75所示。

图 5-75　远程显示设置

（12）"高级存储选项"中选择是否启用View storage Accelerator，如图5-76所示（View storage Accelerator：主机缓存，可对vSphere主机进行配置，通过缓存特定池数据来提高性能）。

图 5-76　高级存储选项

(13)"AD容器"选择任务2中新创建的组织单位，如图5-77所示。

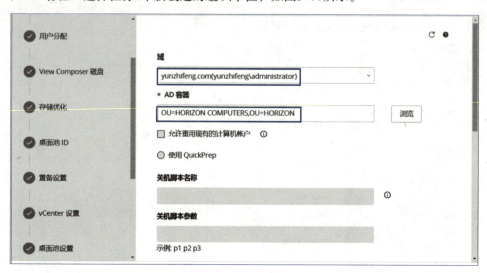

图 5-77　AD 容器选择

(14)在"客户机自定义"选项，选择在vCenter中已经创建好的自定义规范，如图5-78所示。

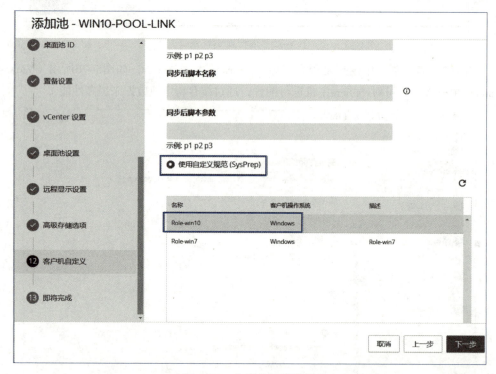

图 5-78　自定义规范选择

(15)在"即将完成"选项检查桌面池的设置，勾选"添加池后授权用户"复选框（也可以不勾选，在桌面池生成后再进行授权设置："清单"→"桌面"→选择桌面池→从授权下拉列表中选择添加授权）。如果无须修改单击"提交"按钮即可，如图5-79所示。

图 5-79 即将完成

（16）添加授权选项：单击"添加"按钮，勾选"用户"和"组"复选框，输入用户名单击查找，找到之前创建的域用户。选择要授权其使用池中桌面或应用程序的用户或组，然后单击"确定"按钮，如图5-80所示。

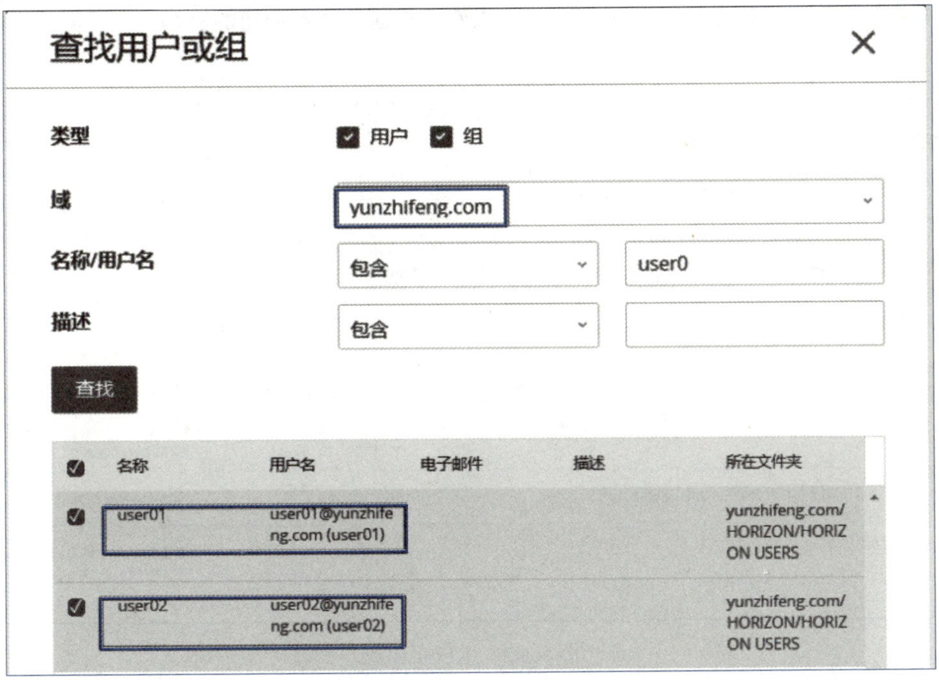

图 5-80 查找用户和组

（17）勾选查找到的用户和组，单击"确定"按钮保存更改，进行授权，如图5-81所示。

图 5-81　添加授权

（18）在"清单"→"桌面"中可以看到创建的WIN10-POOL-LINK桌面池，单击桌面池→"计算机"（或者直接单击左侧菜单"计算机"），可以看到桌面池准备创建的3台win10虚拟机，如图5-82所示。

图 5-82　生成桌面池

（19）在vCenter中可以看到已经创建的3台win10虚拟机，如图5-83所示。

图 5-83　vCenter 中查看

子任务 2　创建即时克隆桌面池

（1）Horizon8 2006中，官方不建议使用链接克隆启动任何新项目，在创建桌面池时，默认创建的桌面池就是即时克隆桌面池。创建即时克隆桌面池之前，需要在连接服务器管理平台中先添加即时克隆时的域账户，如图5-84所示。

图 5-84　即时克隆域账号添加

（2）填写信息后我们将添加域管理员作为即时克隆账户，如图5-85所示。

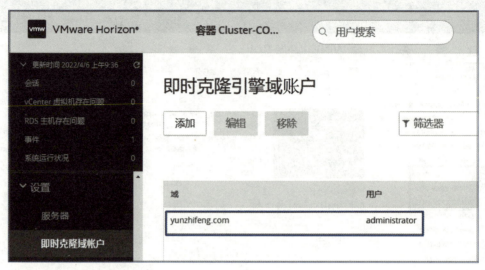

图 5-85　添加域账户完成

（3）剩余创建即时克隆池的步骤跟链接克隆基本相同，创建过程省略，大家可参照相关文档自己完成。即时克隆桌面池创建完成如图5-86所示。

图 5-86　桌面池创建完成

思考与实践

（1）什么是自动桌面池、手动桌面池？什么是专用桌面池、浮动桌面池？

（2）什么是链接克隆和即时克隆桌面池？它们各自的优势是什么？

（3）请动手实现win10的Composer链接克隆桌面池。

（4）请动手实现win10的即时克隆桌面池。

任务6　连接虚拟桌面

任务描述

在任务5中我们已经创建了链接克隆和即时克隆桌面池，在本任务中，我们将连接桌面池，使用桌面机。

视频

连接拟桌面

任务目标

- 掌握使用浏览器访问桌面。
- 掌握客户端工具安装并访问桌面。

任务实施

连接虚拟桌面有多种方法，可以通过网页访问，可以使用Horizon View Client访问，也可以使用瘦客户端访问。

子任务1　使用浏览器（HTML Acess）连接虚拟桌面

（1）在浏览器中输入连接服务器的FQDN或IP地址（https://connserver.yunzhifeng.com），打开登录界面，如图5-87所示。

图 5-87　浏览器登录界面

（2）单击右侧VMware Horizon HTML Access，打开用户登录界面，输入用户名和密码后单击登录，如图5-88所示。

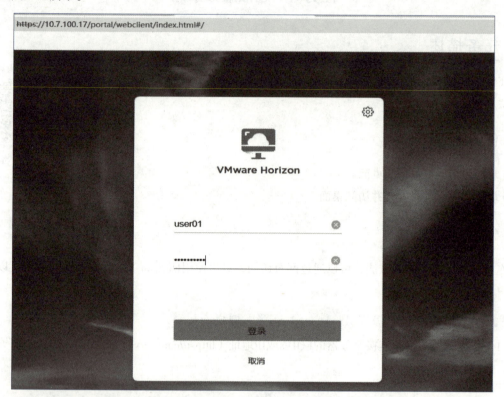

图5-88 用户登录界面

（3）在登录成功后可以发现可用的桌面池，如图5-89所示。

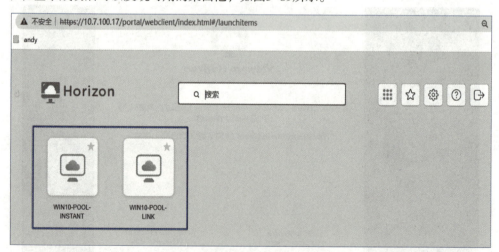

图5-89 发现可用的桌面池

（4）单击可用的桌面池，就可以打开虚拟桌面机，如图5-90所示。

图 5-90 打开虚拟桌面机

子任务 2　使用 Horizon Client 连接桌面

（1）将当前终端机加入到域，启动 Horizon Client 安装程序，接受许可后进行安装，如图 5-91 所示。

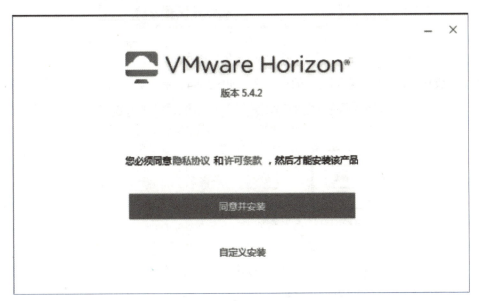

图 5-91　安装 Horizon Clint

（2）添加 connection server 服务器，输入连接服务器名称，单击"连接"按钮，如图 5-92 所示。

图 5-92　添加连接服务器

（3）使用注册的horizon用户登录连接服务器，如图5-93所示。

图 5-93　horizon 用户登录界面

（4）登录成功后，就可以看到可用的桌面池，如图5-94所示。

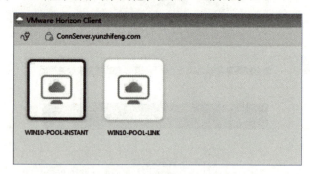

图 5-94　horizon 用户登录成功

（5）单击可用桌面池，自动分配桌面机。

思考与实践

登录链接克隆桌面池和即时克隆桌面池，使用桌面机。